工程卫士
建设赢家

王早生

二〇二二年八月十六日

2024 中国建设监理与咨询
——质量控制要点与技术应用

组织编写　中国建设监理协会

中国建筑工业出版社

图书在版编目（CIP）数据

2024 中国建设监理与咨询 . 质量控制要点与技术应用 / 中国建设监理协会组织编写 . -- 北京：中国建筑工业出版社，2024.8. -- ISBN 978-7-112-30262-8

Ⅰ . TU712.2

中国国家版本馆 CIP 数据核字第 2024C7A493 号

责任编辑：陈小娟
文字编辑：汪箫仪
责任校对：张　颖

2024 中国建设监理与咨询
——质量控制要点与技术应用

组织编写　中国建设监理协会

*

中国建筑工业出版社出版、发行（北京海淀三里河路 9 号）
各地新华书店、建筑书店经销
北京雅盈中佳图文设计公司制版
天津裕同印刷有限公司印刷

*

开本：880 毫米 ×1230 毫米　1/16　印张：$7\frac{1}{2}$　字数：300 千字
2024 年 9 月第一版　2024 年 9 月第一次印刷
定价：35.00 元
ISBN 978-7-112-30262-8
（43646）

版权所有　翻印必究

如有内容及印装质量问题，请与本社读者服务中心联系
电话：(010) 58337283　QQ：2885381756
（地址：北京海淀三里河路 9 号中国建筑工业出版社 604 室　邮政编码：100037）

编委会

主任：王早生

副主任：李明安　刘伊生　修　璐　王学军　王延兵
　　　　王　月

主编：刘伊生

委员（按姓氏笔画排序）：

方永亮	王　莉	王伟星	王怀栋	王晓觅	王雅蓉
王慧梅	甘耀域	艾万发	石　晴	田　毅	史俊沛
吕艳斌	朱泽州	朱保山	刘　涛	刘　森	刘永峰
刘志东	刘基建	江如树	许远明	许继文	孙占国
孙惠民	苏　霁	苏锁成	李　伟	李　强	李　慧
李三虎	李伟涛	李振文	李海春	李银良	李富江
杨　丽	杨卫东	张德凌	吴　浩	吴红涛	吴树勇
邱溪林	何　利	何祥国	应勤荣	汪　成	汪　洋
汪成庆	张　晔	张铁明	张善国	陈　敏	陈大川
陈永晖	陈洪兵	陈晓波	陈凌云	周　俭	周建新
孟慧业	赵　良	赵国成	胡明健	饶　舜	姜　军
姜艳秋	秦有权	莫九来	晏海军	徐友全	高红伟
高春勇	黄　勇	黄　强	曹顺金	龚花强	龚建华
韩　君	蔡东星	穆彩霞			

目录 CONTENTS

行业发展　8

中国建设监理协会七届二次理事会在河南郑州召开　8
中国建设监理协会七届理事会专家委员会第一次会议在沈阳召开　8
工程监理50人高级研讨班（1期）在贵阳成功举办　9
工程监理行业自律工作现场交流会在郑州顺利召开　10
西部地区建设监理协会秘书长工作恳谈会第十七次会议在银川市召开　11
中国建设监理协会"工程监理企业实施全过程工程咨询服务标准"开题评审会顺利召开　12
开题立项研技术　数智协同创未来
——中国建设监理协会"建筑工程现场监理数智化实施方案研究"课题开题会召开　13
中国建设监理协会机械分会2024年五届一次理事会在洛阳召开　14
深入学习贯彻党的二十届三中全会精神以进一步深化改革推动
河北省工程监理行业高质量发展暨第四届三次监理企业会长（扩大）座谈会成功召开　14
华北携手　共筑监理新辉煌——华北五省市区监理行业协会联席会在京召开　15
云南省促进工程监理行业高质量发展暨工程监理发展30年大会在昆明隆重召开　15
山东省建设监理与咨询行业发展大会（2024）在济南隆重召开　16
校企携手　筑梦未来
北京监理协会校招联盟春季招聘圆满落幕　17
贵州省建设监理协会五届第五次常务理事会在贵阳召开　17

聚焦　18

工程监理行业自律与诚信建设大会在河南郑州顺利召开　18

监理论坛　19

浅谈结构概念设计在工程监理中的应用 / 余　洋　19
北京地铁昌平线南延工程蓟门桥站附属结构下穿小月河监理控制要点 / 刘洪钢　22
浅谈分布式光伏系统在绿色建筑中的应用 / 焦建雷　金　巨　焦雪梅　26
工程测量数据偏差分布分析方法的探索与应用 / 梅可馨　29
浅谈混凝土结构改造工程监理质量控制要点 / 喻贞贞　33
浅谈高支模安全管理的监理工作 / 李少坡　36

建筑工程施工中的边坡支护技术研究 / 刘雪飞　　40
超长距离管状皮带施工监理技术的应用 / 安小康　郭佳佳　43

项目管理与咨询　46

以策划引领全咨实践，服务医疗建筑有心得
　　——西安交大附属泾河医院全咨服务阶段性总结 / 王　欣　46
全过程工程咨询在乌梁素海流域生态保护修复试点工程中的实践应用 / 王大伟　贾文龙　李鑫森　50
盛世传书阁　文济续传承
　　——西安国家版本馆全过程咨询实践 / 邵武平　54
艾溪湖隧道工程监理工作总结 / 龚　成　60
红谷隧道监理实务
　　——基于核心要素的精细化管理研究与应用 / 刘　卫　杨国胜　何晓波　刘　勇　66
监理行业的发展与改革 / 杨红林　封国海　73
援外成套项目进度管理分析及对策 / 牛　冬　76

创新与发展　81

工程监理行业创新驱动下的持续发展 / 杨　琦　81
浅析监理企业向全过程工程咨询企业转型的实施策略 / 王恒莹　王卫锋　86

信息化建设　89

监理企业房建工程信息化管理的几点建议
　　——信息管控平台在预制节段拼装法城市高架中的应用 / 刘　杨　89
浅谈监理企业信息化管理的建设 / 吕　波　92

百家争鸣　95

监理企业转型升级发展的必要性及发展路径研究 / 李　红　武江涛　95
浅析 PPP 项目 BOT 管理模式 / 魏　军　98
建筑工程监理存在的问题及对策 / 王万锋　101
浅析如何提升工程项目安全管理水平 / 刘　有　104

行业发展

中国建设监理协会七届二次理事会在河南郑州召开

2024年10月10日，中国建设监理协会七届二次理事会在河南郑州召开，中国建设监理协会七届理事会会长王早生，副会长兼秘书长李明安，副会长刘伊生、张铁明、孙惠民、陈群毓、孙成、苗一平、吕所章、付静、吴树勇、尹松，副秘书长王月以及300多名理事出席了会议。协会监事长孙成双列席了本次会议。会议由中国建设监理协会副会长兼秘书长李明安主持。

王早生会长向理事会通报了协会2024年1-3季度工作情况和4季度工作安排，从5个方面进行了全面、客观的回顾和总结；刘伊生副会长作了调整七届理事、常务理事的报告；张铁明副会长作了变更分会负责人的报告；孙惠民副会长作了协会2024年1-3季度发展个人会员情况的报告；陈群毓副会长作了关于修订《中国工程监理行业自律公约》的报告。会议表决通过了相关报告。

协会副会长兼秘书长李明安作总结讲话，代表协会向新当选的理事、常务理事和分会负责人表示祝贺！他简要介绍了协会今年的工作创新和亮点，并对4季度的重点工作作了说明，强调要"跳出监理看监理"，要敢于尝试，边探索、边总结、边推进，聚焦年度工作要点，实干为先，落实为要，号召全体理事携手共进，凝心聚力，服务好广大会员，确保各项任务圆满完成，为监理行业高质量发展贡献智慧和力量。

中国建设监理协会七届二次理事会顺利完成了各项议程。

中国建设监理协会七届理事会专家委员会第一次会议在沈阳召开

2024年7月22日，中国建设监理协会七届理事会专家委员会第一次会议在沈阳召开。中国建设监理协会七届理事会副会长兼秘书长李明安，副会长刘伊生、张铁明、陈群毓、孙成，监事长孙成双，以及七届理事会专家委员会专家140多人参加了此次会议。会议由中国建设监理协会七届理事会副会长兼秘书长李明安主持。

会议第一阶段，表决通过了七届理事会专家委员会组织机构与成员名单、中国建设监理协会专家委员会管理办法。王早生任专家委员会主任，李明安、刘伊生任专家委员会常务副主任，修璐、王学军、杨卫东、李伟、姜军、任旭任专家委员会副主任；刘伊生、杨卫东、李伟、姜军、任旭分别任教育与培训、技术与标准、自律与诚信、法律与调解专家委员会和青年专家委员会主任。

会议第二阶段，专家委员会常务副主任李明安、刘伊生为李伟、姜军、任旭颁发了专家委员会副主任聘书，协会参会领导分别为与会专家颁发了专家聘书。

会议第三阶段，教育与培训专家委员会主任刘伊生、技术与标准专家委员会副主任孙成双、自律与诚信专家委员会主任李伟、法律与调解专家委员会主任姜军、青年专家委员会主任任旭分别作了表态发言。

会议第四阶段，教育与培训、技术与标准、自律与诚信、法律与调解以及青年专家委员会各自进行了分组讨论，群策群力，集思广益，深入探讨了各专项委员会的工作目标、工作计划。

中国建设监理协会七届理事会专家委员会集聚了工程监理行业的专业精英，吸纳了高等院校、科研院所的顶尖专业人才。此次会议的成功召开，为工程监理行业的创新发展注入了新活力，为工程监理行业高质量发展奠定了坚实的基础。

工程监理50人高级研讨班（1期）在贵阳成功举办

为全面贯彻落实党的二十届三中全会精神，助力实施人才强国战略、创新驱动发展战略，加快培育工程监理行业新质生产力，提升工程监理企业高级管理者的水平与能力，促进工程监理行业高质量发展，2024年8月7日至8日，由中国建设监理协会主办，北京市建设监理协会、贵州省建设监理协会协办的"工程监理50人高级研讨班（1期）"在贵阳成功举办。中国建设监理协会副会长兼秘书长李明安，同济大学乐云教授，北京交通大学刘伊生教授，中国工程监理大师李伟、杨卫东、龚花强，贵州省建设监理协会名誉会长杨国华、会长胡涛，上海市建设工程咨询行业协会顾问会长孙占国出席开班仪式，来自全国工程监理企业的董事长、总经理、总工程师共50人参加了此次研讨班。开班仪式由协会副会长兼秘书长李明安主持。

开班仪式上，李明安副会长兼秘书长强调，工程监理行业要加快发展新质生产力，以新技术、新业态、新模式创造新价值，重塑监理新动能、新发展。他指出，本次高级研讨班旨在提高工程监理行业整体的专业水平和服务质量，进一步加强行业间的交流与合作，培养一批监理企业精英骨干，引领监理行业发展。同时也为年轻的监理从业者树立榜样，激发他们的学习热情和创新精神。他希望在座的企业高级管理者要提高思想站位，优化管理理念，创新监理数智化手段，提升监理服务品质，彰显监理服务价值，强化行业自律，防止"内卷式"恶性竞争，努力实现监理企业新发展，引领监理行业高质量发展。

同济大学乐云教授以"设计管理咨询服务探索"为题，梳理了设计工作的性质、设计过程的特点及业主方设计管理需求，并讲解了设计管理咨询服务的内容。

北京交通大学刘伊生教授以"高质量发展形势下的工程监理"为题，从工程建设高质量发展形势、工程监理面临的挑战和问题、价值交付导向下的发展举措等三方面进行授课。

本次高级研讨班设置了专家学者面对面研讨环节。同济大学乐云教授，北京交通大学刘伊生教授，中国工程监理大师李明安、李伟、杨卫东、龚花强等专家学者与参会人员围绕工程监理企业管理与发展新理念、全过程工程咨询中工程设计与管理的融合、工程监理行业改革发展的热点难点问题、新质生产力如何更好地赋能工程监理行业等内容进行研讨交流。

研讨交流结束后，中国建设监理协会副会长兼秘书长李明安，同济大学乐云教授，北京交通大学刘伊生教授，中国工程监理大师李伟、杨卫东、龚花强为参会人员颁发了证书。

本次高级研讨班获得了大家的一致好评，尤其是通过与专家学者的面对面交流研讨，大家受益匪浅。本次高级研讨班的成功举办，有助于优化监理企业高级管理者的经营管理理念，提升综合管理水平与能力，培养工程监理企业高级管理人才，促进工程监理行业高质量发展。

工程监理行业自律工作现场交流会在郑州顺利召开

2024年8月2日，由中国建设监理协会主办、河南省建设监理协会协办的"工程监理行业自律工作现场交流会"在郑州顺利召开。

为贯彻落实中共中央政治局2024年7月30日召开的会议精神，强化行业自律、规范会员单位经营行为、防止"内卷式"恶性竞争、保障会员单位合法权益、树立监理行业良好形象、促进工程监理行业高质量发展，2024年8月2日，由中国建设监理协会主办、河南省建设监理协会协办的"工程监理行业自律工作现场交流会"在郑州顺利召开。河南省住房和城乡建设厅建筑市场监管处处长马耀辉，中国建设监理协会副会长兼秘书长李明安，中国建设监理协会副会长孙惠民、陈群毓、苗一平，中国建设监理协会自律与诚信专委会主任李伟、副主任龚花强出席会议。江苏、江西、黑龙江、贵州等省协会会长，各省协会副会长、秘书长、副秘书长等近80位代表参加了会议。会议由中国建设监理协会副会长兼秘书长李明安主持。

河南省住房和城乡建设厅建筑市场监管处处长马耀辉致辞。他对本次会议在河南郑州召开表示热烈欢迎，并对协会和行业自律工作提了三点希望：一是强化行业自律，树立工程监理行业良好形象；二是提升工程监理服务质量，保障工程质量安全；三是加强兄弟省市监理行业交流合作，推动行业创新发展。

中国建设监理协会副会长兼秘书长李明安介绍了中国建设监理协会换届以来的工作情况及下一阶段的工作计划。他从推动行业自律是构建全国统一大市场的需要、强化行业自律是监理行业高质量发展的重要途径、开展行业自律是提升行业协会治理能力的重要保障、激发行业自律主动性、构建监理行业新生态等方面强调了行业自律工作的重要性和必要性。他希望工程监理行业要增强信心和底气，肩负起保障工程质量安全的责任和使命，加快发展新质生产力，助力行业转型升级，主动适应当前高质量发展的新形势、新要求，构建竞争有序、人才聚集、服务创新、协同发展的新生态，共同打造一个更加规范、更加专业、更加具有活力、更加具有凝聚力和影响力的工程监理行业。

河南省建设监理协会自律委员会执行主任委员李振文介绍了河南省建设监理行业自律工作情况，并作题为《建秩序 强自律 重服务 促发展 以行业自律助推行业发展行稳致远》的汇报。

会上讨论了《中国建设监理协会会员自律公约（修订稿）》《工程监理行业自律倡议书（征求意见稿）》《工程监理行业自律承诺书（征求意见稿）》。各省监理协会就行业自律工作情况进行了充分交流，提出了宝贵意见和建议。

会议圆满完成了各项议程，达到了预期效果。此次会议的成功召开，使大家对工程监理行业自律工作有了更深的理解和思考，在行业协会内凝聚了共识，为工程监理行业自律与诚信建设奠定了坚实基础。

西部地区建设监理协会秘书长工作恳谈会第十七次会议在银川市召开

2024年7月5日,西部地区建设监理协会秘书长工作恳谈会第十七次会议在宁夏银川市召开。中国建设监理协会副会长兼秘书长李明安、行业发展部主任孙璐应邀出席会议,宁夏回族自治区住房和城乡建设厅党组成员、副厅长李梅,建管处处长杨军,机关党委(人事与老干部处)副处长李鸣,宁夏建设工程质量安全总站工会主席李晓棠,宁夏建筑业联合会会长刘惠敏,党支部书记、副会长邹爱萍,副会长、监理分会会长蔡敏等出席会议。会议由宁夏建筑业联合会副会长兼秘书长王振君主持。

来自西部地区广西、四川、内蒙古、云南、贵州、青海、新疆、陕西、重庆、甘肃、宁夏以及特邀的江苏省建设监理协会,共12个省(自治区、直辖市)监理协会及企业代表共90余人参加了此次会议。

会上,李梅副厅长致欢迎辞,介绍了宁夏建筑业、监理行业的发展情况。

李明安副会长兼秘书长作重要讲话。首先代表中国建设监理协会对会议的召开表示祝贺。强调在新形势下,社会、市场、业主都对工程监理提出了更高要求,一是监理要"跳出监理看监理",主动适应监理行业发展,以创新的思维和举措,拓宽思路,主动求变,不断自我完善、自我更新;二是要加强智库建设,研究工程监理行业的改革发展;三是要加大工程监理的正面宣传,展示监理成效;四是创新监理工作方式和手段,履行好监理职责;五是强化工程监理队伍建设,推进监理工作标准化,开展交流活动,提升行业的影响力;六是要加强行业自律和信用体系建设,激励会员开展信用评价和诚信经营。希望监理同仁团结起来、振兴监理行业,提升工程监理行业的影响力和凝聚力。

各地参会代表围绕"探讨及交流行业协会职能转变""监理行业质量安全风险防控探讨"主题,就本地监理协会工作经验及亮点进行交流,探讨在新形势下协会运行机制及如何进一步发挥行业协会作用。会上,各代表踊跃发言,各抒己见,积极讨论,会场气氛热烈。

宁夏建筑业联合会刘惠敏会长代表联合会向在百忙之中前来参加会议的领导和嘉宾表示热烈的欢迎和衷心的感谢,并提出了四点体会:一是建设监理协会要引领建设监理企业认清当前建筑业面临的形势,号召监理企业坚定信心,寻求破局的机会;二是监理协会坚持党建引领,积极拓展服务领域,创新服务方式,主动服务行业和企业发展需求,实现党建与业务齐发展、双创优;三是贯彻落实王晖副部长在中国建设监理协会换届会议上的讲话精神,充分认识做好建设监理工作的重要性;四是宁夏建筑业联合会以此次会议为契机,保持与各兄弟协会日常联系和信息互通,学习借鉴发展思路和成功的经验做法,持续为建筑业高质量发展作出更大贡献!

本次会议达到了促进西部地区建设监理协会共同发展,加强协会工作沟通与经验交流的目的,在引导和推动行业发展方面发挥了积极作用。通过这次会议使与会代表开阔了眼界,打开了思路,增强了信心,增进了相互了解,建立和巩固了友谊,会议开得非常紧凑,富有成效。

(宁夏建筑业联合会 供稿)

中国建设监理协会"工程监理企业实施全过程工程咨询服务标准"开题评审会顺利召开

中国建设监理协会"工程监理企业实施全过程工程咨询服务标准"开题评审会日前在上海召开。中国建设监理协会副会长兼秘书长李明安、北京交通大学教授刘伊生出席会议并讲话。北京、山东、浙江、吉林、上海等地20多位标准编制组成员通过线上和线下结合的方式参加会议。会议由上海市建设工程咨询行业协会秘书长徐逢治主持。

中国建设监理协会监理改革办公室主任宫潇琳、标准编制负责人上海同济工程咨询有限公司总经理杨卫东,以及上海市建设工程咨询行业协会相关工作负责人出席会议。

会上,标准编制负责人杨卫东对该标准的编制目的和总体要求作了说明,并阐述了在大量实践经验的基础上,推进工程监理企业规范全过程工程咨询服务的必要性和重要性。同济咨询发展研究院院长敖永杰代表编制组详细介绍了标准大纲草稿。与会者针对标准编制目的、内容范围、编制要求等进行了认真讨论。

刘伊生教授在会上对标准编制提出了评审意见和相关建议。他表示,目前业内对于全过程工程咨询的认识不尽相同,迫切需要加以统一和明确。全过程工程咨询是一个综合集成的概念,而不是简单的各个业务相加。他强调本次编制标准的目的,一方面,目前虽然有大量的全过程工程咨询项目,但服务内容有必要加以规范;另一方面,希望加强"指导性"或"引导性",通过标准来引导工程监理企业更好地做好全过程工程咨询工作。

中国建设监理协会副会长兼秘书长李明安对标准编制工作提出了希望,他表示,协会致力于加强行业的团体标准体系建设,鼓励会员单位积极申报团体标准编制项目,今年还对协会团体标准管理办法进行了修订,以便更好地适应新形势对标准编制工作的要求。本次团体标准的编制符合行业发展需求,希望在课题组的努力下,能编制一本高水平、操作性和实用性都比较强的标准,起到规范和提升工程监理企业的全过程工程咨询服务质量的作用。

(上海市建设工程咨询行业协会 供稿)

开题立项研技术　数智协同创未来
——中国建设监理协会"建筑工程现场监理数智化实施方案研究"课题开题会召开

2024年6月26日,中国建设监理协会"建筑工程现场监理数智化实施方案研究"课题开题会在青岛信达工程管理有限公司召开,本课题由中国建设监理协会委托山东省建设监理与咨询协会牵头组织。

会议邀请中国建设监理协会会长王早生,副会长兼秘书长李明安,副会长兼专委会副主任、北京交通大学教授刘伊生,行业发展部主任孙璐等领导专家组成审查组,山东省建设监理与咨询协会会长陈文、秘书长曾大林、副秘书长陈刚,北京建设监理协会副会长黄强,重庆市建设监理协会副秘书长史红,武汉市工程建设全过程咨询与监理协会会长汪成庆,中国监理大师、上海市建设工程监理咨询有限公司董事长龚花强,以及山东、广东、湖北、重庆、陕西等地的20余位专家线下线上参加会议。会议由山东省建设监理与咨询协会陈文会长主持。

课题组代表陈刚同志首先汇报了前期研究情况和开题报告,包括研究背景、目的、可行性分析、理论研究现状等,并系统阐述了研究内容、技术开发路线、时间安排、团队分工、经费配置情况、预期成果和保障措施等。

刘伊生副会长对开题报告作了点评,强调了课题定位的准确性、范围的聚焦性、内容的具象性和成果的明确性。他指出课题应引导行业向数字化、智能化发展,研究要深入具体,成果应包括数智化监理工作清单、功能需求分析报告和开发建议等。

副会长兼秘书长李明安强调了课题研究的重要性和必要性,提出要按照专家的意见完善课题的具体要求和内容,聚焦数智化现场监理工作,借鉴建筑行业数智化发展的领先做法,广泛调研,深入研究,争取圆满完成课题。

王早生会长总结讲话,强调改革发展要全面,本次课题应实现重点突破,提出"减员提质增效"的要求,指出监理的数智化和智慧监理是大势所趋、势在必行,应积极向信息化建设有一定成果和成效的单位学习,推动工程与IT深度融合,为行业发展注入强大动力。

最后,陈文会长向出席本次开题会的领导和专家表示诚挚的感谢,提出将认真听取专家和领导的意见和要求,以全新视角聚焦课题核心,打破思维局限性,积极学习和广泛借鉴先进省市和企业经验,力争在12月底高标准地完成课题报告。

通过本次会议,课题组对监理工作数智化的方向和实施路径有了更清晰的认识,会议成果必将对监理行业的数智化研究进程产生积极影响。

（山东省建设监理与咨询协会　供稿）

中国建设监理协会机械分会2024年五届一次理事会在洛阳召开

2024年8月30日，中国建设监理协会机械分会2024年五届一次理事会在洛阳召开。机械分会15位理事及相关人员参加了此次会议，会议由机械分会会长黄强和副会长张铁明分别主持。

中国建设监理协会副会长兼秘书长李明安围绕"监理行业发展及企业未来发展"这一主题展开专题报告。他提出：其一，需适应新形势，主动求变，持续进行自我完善与更新，以谋求监理行业的进一步发展；其二，要大力加强智库建设，深入研究行业改革发展相关政策及热点问题；其三，强化工程监理宣传工作，及时展示监理成效，提升监理的作用与影响力；其四，充分发挥协会的作用，积极搭建交流平台，定期组织交流会、研讨会、竞赛等活动；其五，扎实做好人才培养和引进工作，强化工程监理队伍建设，提高监理人员业务水平，构建层次分明、规模适当、结构合理的人才梯队；其六，不断完善工程监理标准体系，积极参与团体标准编制；其七，加强行业自律与诚信建设，营造诚实守信氛围，推动行业自我完善、自我更新、自我约束；其八，要敢于走出去，主动参与国际市场，提升监理企业的国际竞争力。

机械分会会长黄强作《机械分会2024年上半年工作总结及下半年工作计划》报告并作总结发言。他希望理事单位利用协会交流平台加强沟通，提升监理和全过程工程咨询服务水平。鼓励企业落实党的二十届三中全会精神，把握形势，坚定信心，为企业和协会高质量发展注入动力。

（中国建设监理协会机械分会　供稿）

深入学习贯彻党的二十届三中全会精神以进一步深化改革推动
河北省工程监理行业高质量发展暨第四届三次监理企业会长（扩大）座谈会成功召开

为深入学习贯彻党的二十届三中全会精神，进一步推动河北省工程监理行业高质量发展，2024年8月28日，河北省建筑市场发展研究会主办的深入学习贯彻党的二十届三中全会精神以进一步深化改革推动河北省工程监理行业高质量发展暨第四届三次监理企业会长（扩大）座谈会在河北雄安成功召开。研究会会长倪文国、秘书长穆彩霞，雄安新区质量协会副秘书长高晓东，以及来自石家庄、唐山等11个地市副会长、综合资质企业负责人、专家代表及秘书处有关人员40人参加本次座谈会，会议由倪文国会长主持。

倪文国会长和与会人员深入学习了党的二十届三中全会的会议精神，特别是习近平总书记《中共中央关于进一步全面深化改革　推进中国式现代化的决定》的说明。

穆彩霞秘书长向与会人员汇报了研究会2024年上半年监理工作情况及下半年工作安排；通报了《2023年全国建设工程监理统计公报》及《2023年河北省建设工程监理统计调查情况说明》；传达了中国建设监理协会近期几项重要会议精神。

与会人员对研究会2024年上半年所作的工作给予了充分肯定，对河北省工程监理行业高质量发展提出了许多宝贵意见和建议。

倪文国会长在听取大家的意见和建议后，指出河北省工程监理行业要以党的二十届三中全会精神为指引，以新发展理念引领进一步深化改革，主动适应市场需求，塑造发展新动能、新优势，推动企业自身高质量健康发展；为河北省工程监理行业健康高质量发展作出新的贡献。

本次会议完成了各项议程，取得了圆满成功。

（河北省建筑市场发展研究会　供稿）

华北携手　共筑监理新辉煌——华北五省市区监理行业协会联席会在京召开

为了加强华北五省市区监理行业协会的交流互动，充分发挥行业协会的引领作用，2024年9月5日，北京市建设监理协会组织了"华北五省市区监理行业协会联席会"。中国建设监理协会副会长兼秘书长、北京市建设监理协会名誉会长李明安，华北五省市区监理行业协会会长、秘书长、副会长等共24人齐聚一堂，结合中国建设监理协会的工作目标和华北五省市区监理行业发展情况，共同为华北五省监理行业注入新的活力。会议由北京市建设监理协会会长张铁明主持。

李明安副会长分析了当前监理行业的发展态势，指出工程监理在保证工程质量安全、提高投资效益等方面发挥了重要作用，是工程建设不可或缺的力量，介绍了中国建设监理协会换届以来积极开展的一系列活动。他强调华北五省市区监理行业协会要加强合作，共同推动监理行业的规范化、标准化和信息化发展，加强行业自律，提高监理人员的素质和业务水平；不断创新监理服务模式，为客户提供优质服务。同时，要积极与政府部门沟通协调，争取政策支持，为监理行业的发展创造良好的外部环境。

中国工程监理大师、北京市建设监理协会秘书长李伟围绕2024年华北五省市区中国建设监理协会个人会员业务辅导活动计划方案与参会人员展开讨论，确定了最终方案。

华北五省市区监理行业协会代表们纷纷发言，介绍各协会情况，分享各自地区监理行业的发展经验。就如何加强行业协会之间的联系与沟通、如何提高监理行业的社会地位、如何加强监理人员的培训和管理等问题进行了深入的探讨和交流。

张铁明会长作了总结发言。

会议还审议通过了《华北五省市区监理行业协会联席会会议制度》。

（北京市建设监理协会　供稿）

云南省促进工程监理行业高质量发展暨工程监理发展30年大会在昆明隆重召开

2024年8月15日，云南省促进工程监理行业高质量发展暨工程监理发展30年大会在昆明隆重召开。中国建设监理协会会长王早生，云南省住房和城乡建设厅党组成员、副厅长阿苏务千出席会议并讲话。来自云南省建设监理行业的490多位领导、专家学者、企业代表和特邀嘉宾、兄弟协会代表们围绕新质生产力和工程监理高质量发展这一主题开展交流和学习，共同研究探讨云南监理行业高质量发展路径和未来趋势。会议由云南省建设监理协会党支部书记、副会长王锐，副会长黄initial涛主持。

王早生会长从"工程卫士、建设管家"这一监理的基本职责入手，分析了监理人的三重角色属性。解读了什么是新质生产力，提出"新服务、新技术、新工具、新业态、新模式"将是监理行业形成新质生产力的主要抓手。

云南省建设监理协会杨丽会长全面回顾了云南省建设监理行业和协会30年来的发展成果，对当前的形势进行了简要分析。

中国工程监理大师、上海市建设工程监理咨询有限公司董事长龚花强，中国创造学会人工智能专委会副主任、模驭AI联合创始人/CEO李泽涵，中冶赛迪集团数字化中心主任、赛迪工程咨询公司党委委员、副总经理肖鑫，云南省建设监理协会专家委员会专家、昆明建设咨询管理有限公司副总经理兼总工程师李毅等行业专家结合国家和地方相关政策文件的解读，针对全过程工程咨询实践与思考、新质生产力赋能行业高质量发展、夯实工程质量安全管控等主题进行了经验分享。

此次大会总结回顾了云南省工程监理行业和协会30年的发展历程，充分展示了云南监理行业所取得的成果。大会表扬授予了10家监理企业"金辉岁月奖"、50家会员单位"协会优秀会员单位"、30位监理企业负责人"卓越贡献奖"、50位行业专家"协会优秀专家"，以及5位"优秀协会工作者"、6位"优秀通讯员"等荣誉称号。

（云南省建设监理协会　供稿）

山东省建设监理与咨询行业发展大会（2024）在济南隆重召开

2024年9月26-28日，由山东省住房和城乡建设厅、中国建设监理协会和山东建筑大学指导，山东省建设监理与咨询协会和山东建筑大学管理工程学院共同主办的山东省建设监理与咨询行业发展大会（2024）在济南隆重举行。本次大会分为庆祝中华人民共和国成立75周年文艺汇演、主题论坛和专题论坛三个阶段，旨在进一步凝聚行业共识，展现行业风采，探索山东省监理与咨询行业未来的发展路径。住房城乡建设部、中国建设监理协会、中共山东省委社会工作部、山东省住房和城乡建设厅、山东省交通运输厅、山东省水利厅、山东建筑大学、部分地市住建局相关领导、省内外兄弟协会、全国知名专家教授学者、部分会员代表以及高校师生等480余人参加此次盛会，会议同步在线直播，观看人数达2.3万余人次。

9月26日，以庆祝中华人民共和国成立75周年华诞创监理改革新辉煌为主题的山东省建设监理与咨询行业文艺汇演精彩开场。山东省建设监理与咨询协会党支部书记、会长陈文致辞，深情抒发对祖国美好未来的衷心祝愿并回顾了行业发展历程。省住建厅原党组书记厅长，省协会第一、二届会长杨焕彩为省住建厅原城镇化办公室专职副主任、省协会第四届会长宋锡庆和第五、六届会长徐友全颁发"山东省建设监理与咨询行业发展功勋人士奖"；省住建厅党组成员、副厅长王润晓为山东省建筑工程大师（监理）李书艳、李世钧、孟庆春、秦昶颁发奖杯；中国建设监理协会会长王早生为省协会推荐的3家"建设工程监理与咨询工作数字化管理系统"入围供应商代表颁发证书；中国建设监理协会副会长刘伊生为山东省建设监理与咨询协会短视频征集活动获得一等奖的6家单位颁奖；济南市建设监理有限公司董事长林峰代表龙头骨干企业表态发言；省协会青年工作委员会成立启动仪式同步进行。

9月27日，以"数智化赋能　高质量发展"为主题的行业发展大会隆重召开。丁烈云、李明安、刘伊生、殷涛、李启明、徐友全、龚花强、常红宾、王广斌等9位专家教授围绕智能建造、新形势下工程监理的发展、高质量人才培育、高质量发展履职尽责、数字化转型及企业探索案例、工程咨询企业创新发展等方面作主旨报告。

9月28日，行业发展大会的两个分论坛以"守正创新担使命　改革转型谱新篇"为主题，包括山东省首届高校工程管理类专业高质量发展和山东省首届建设监理与咨询企业高质量发展两个专题同期举行。华中科技大学孙骏，东南大学李德智，华中科技大学周迎，北京交通大学任旭，同济大学卢昱杰、曹东平6位教授及广联达科技股份有限公司副总裁刘刚、上海建科工程咨询有限公司执行董事张强、五洲工程顾问集团有限公司董事长蒋廷令、山东法时律师事务所部长吕敏、山东诚信工程建设监理有限公司董事长张恒、北京建设监理协会副会长兼秘书长华伟、重庆赛迪工程咨询有限公司主任冯宁、深圳市斯维尔科技股份有限公司副总经理张立杰8位行业精英分别以智能建造、企业转型、数字化应用、企业司法实践等内容作专题讲座。

（山东省建设监理与咨询协会　供稿）

校企携手　筑梦未来
北京监理协会校招联盟春季招聘圆满落幕

　　面向未来发展，帮助企业开展校招活动，北京市建设监理协会于2023年5月发起并成立北京市建设监理协会校园招聘联盟（简称"校招联盟"）。协会携手校招联盟成员单位继续发力，大规模、高频次开展了2024年春招活动。

　　为了取得更好的成果，协会超前策划、精心组织，携手10多家联盟成员企业于2024年4月9日、4月23日、5月8日、5月10日、6月11日，先后赴沈阳、吉林、北京和石家庄等地，走进6所知名建筑类高校现场招聘，包括沈阳建筑大学、沈阳工业大学、沈阳理工大学、吉林建筑大学、北京建筑大学和石家庄铁道大学，都取得了令人满意的成绩，圆满完成了2024年春季的校园招聘工作。

　　这次春招，通过大家的共同努力，在一定程度上改变了老师们对监理行业仅仅是"质量监工"的认知，填补了学生的空白。参加校招的师生对监理行业有了新的认识：监理行业是智力密集型、工程建设全过程综合性服务行业，国家高质量发展更需要监理行业，选择监理行业特别是北京的监理企业，会有更多的机遇、更高的发展空间，是一个不错的选择。

（北京市建设监理协会　供稿）

贵州省建设监理协会五届第五次常务理事会在贵阳召开

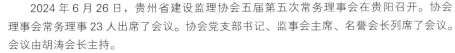

　　2024年6月26日，贵州省建设监理协会五届第五次常务理事会在贵阳召开。协会理事会常务理事23人出席了会议。协会党支部书记、监事会主席、名誉会长列席了会议。会议由胡涛会长主持。

　　会议首先组织学习了《中国共产党纪律处分条例》。胡涛会长以"纪律筑基·监理有道——《中国共产党纪律处分条例》在监理领域启示与实践"为题作主题发言。

　　胡涛会长还介绍了协会党支部2024年上半年工作情况。

　　王伟星常务副会长兼秘书长对2024年上半年以来的协会工作情况进行了汇报。半年来，协会开展了一系列活动，体现了协会在推动行业发展、加强内部沟通及提升服务质量方面所做的努力。

　　会议审议并通过了《关于接收贵州中黔誉峰项目管理有限公司等19家监理企业为贵州省建设监理协会会员的建议》《关于已被清退的会员单位重新申请入会条件的议案》《关于黔东南州、黔南州成立工作部及黔西南州调整工作部事宜》等议案。

　　胡涛会长在会议总结中表示，2024年已过半，贵州省建设监理协会依据《2024年工作计划》与《服务高质量发展专项行动方案》，稳步执行各项工作。虽然已有成绩，但行业挑战犹存，需要集体智慧克服。他呼吁常务理事们运用专业技能，协同合作，创新求解，共同促进贵州工程监理事业的进一步发展与提升。

（贵州省建设监理协会　供稿）

工程监理行业自律与诚信建设大会在河南郑州顺利召开

为贯彻落实中共中央政治局关于强化行业自律，防止"内卷式"恶性竞争的会议精神，2024年10月11日，由中国建设监理协会主办、河南省建设监理协会协办的工程监理行业自律与诚信建设大会在河南郑州顺利召开。住房城乡建设部建筑市场监管司建设咨询监理处处长刘精华，河南省住房和城乡建设厅建筑市场监管处处长马耀辉，中国建设监理协会会长王早生，中国建设监理协会副会长兼秘书长李明安，中国建设监理协会副会长刘伊生、张铁明、孙惠民、陈群毓、孙成、苗一平、吕所章、付静、吴树勇、尹松，中国建设监理协会自律与诚信建设专家委员会主任李伟、副主任龚花强以及400多名会员代表参加会议。会议由中国建设监理协会副会长兼秘书长李明安主持。

会议第一阶段，住房城乡建设部建筑市场监管司建设咨询监理处处长刘精华作大会致辞。他围绕深化改革创新，规范监理市场秩序；强化能力建设，保障工程质量安全；加强行业自律，引导企业诚信经营等三个方面对工程监理行业提出期望，他希望监理行业在改革发展的关键转型期，要以科技创新赋能监理行业高质量发展，努力开创监理行业发展新局面。

河南省住房和城乡建设厅建筑市场监管处处长马耀辉作大会致辞。他介绍了河南省建筑业及监理行业的发展概况，并表示本次大会在河南郑州召开进一步凝聚了行业自律与诚信发展共识，为工程监理工作起到积极指导和推动作用。

中国建设监理协会会长王早生作题为"筑诚信自律基石 创监理服务价值"的讲话，他从营造诚信自律经营氛围，保障监理履职尽责；筑牢建立诚信自律基石，切实满足社会期待；提高诚信自律主动性，明确发展目标及自身追求等三个方面呼吁监理行业要提高诚信意识和自律主动性，努力当好"工程卫士"。

会议第二阶段，中国建设监理协会副会长刘伊生宣读了《中国工程监理行业自律公约》并举行了公约发布仪式。

中国建设监理协会自律与诚信建设专家委员会主任李伟宣读了《中国工程监理行业自律倡议书》，北京市建设监理协会会长张铁明、上海建科工程咨询有限公司党委书记兼执行董事张强分别代表地方协会和单位会员发言。

会议第三阶段，公布了2022-2023年度中国建设监理协会单位会员信用评价结果，并为取得中国工程监理信用企业3A级的80家企业代表举行了授牌仪式。

会议第四阶段，河南省建设监理协会副会长兼秘书长耿春作题为"建秩序、强自律、重服务、促发展——以行业自律助推行业发展行稳致远"的行业自律工作经验交流。重庆赛迪工程咨询有限公司副总经理陈洪兵作题为"共筑诚信自律基石 推动行业长远健康发展走深走实"的诚信建设经验交流。广西城建咨询设计有限公司常务副总经理陈群毓作题为"厚植诚信文化 赋能企业发展"的诚信建设经验交流。

会议圆满完成了各项议程。此次大会的成功召开，必将使工程监理行业的自律与诚信建设氛围愈加浓厚，行业共识更加凝聚，为工程监理行业高质量发展筑牢发展根基。

浅谈结构概念设计在工程监理中的应用

余 洋

北京五环国际工程管理有限公司

摘　要：房屋建筑领域是国民经济发展的重要引擎，近年来获得了长足发展，按照工程实施的不同，分为工程设计和工程施工等阶段，其中蕴含了大量设计知识和施工专业技术。作为五方责任主体，结构设计和工程监理都在工程建设中发挥了重要的作用。本文以实际工程经历为参考，介绍利用结构概念设计知识在监理工作中的应用。

关键词：结构概念设计；工程；监理

引言

工程监理是五方责任主体之一，具有科学性、公平性、独立性，为建设单位在质量、安全、进度、投资、信息、合同、组织与协调等方面提供全方位的服务。这就要求监理工程师既要懂施工技术，又能在现场巡视检查验收时发现问题；既要善于管理和协调，在维护建设单位利益的同时，又不损害施工单位的利益；既要掌握沟通技巧，又要提高质量和安全意识，以降低工程发生质量问题和安全事故的概率；既要做到洁身自好、廉洁奉公，又要守得住原则和底线，真正将规范和设计要求落实到位。监理工作包括土建、电气、水暖、安全、资料、造价等多个专业，每个专业都有设计图纸和现行的验收规范、设计图集做指导，验收条文分为主控项目和一般项目，监理工程师需细心学习，并且毫不动摇地一以贯之。

工程设计和工程监理相互之间虽无合同关系，但知识体系和专业技术要求有相通之处，掌握一些设计知识对开展监理工作会有极大帮助。本文主要围绕实践经验探索结构概念设计知识在工程监理工作中的应用展开。

一、结构概念设计

结构设计承担着保证建筑安全性、舒适性、耐久性等方面的任务，保证"大震不倒、中震可修、小震不坏"的抗震设计三水准要求。当然，也有满足不同延性要求的抗震性能化设计，即"高弹低延"或"高延低弹"，本文在此不多赘述。

单纯地为保证建筑物结构的安全性而堆叠受力抵抗措施是不经济、降低适应性且不符合我国现阶段发展国情的，如一味地增加钢筋配置数量、提高混凝土强度、增大受力构件的截面面积等。所以需要对设计对象按照一定标准加以分类，在最大限度考虑经济性的前提下，既满足结构使用安全性的要求，又对特定对象的使用功能不产生过大影响。

我国大多数建筑结构设计是以多遇地震（50年一遇）为基准进行计算，所以建筑设计图纸总说明中标明建筑使用年限50年，但《建筑与市政工程抗震通用规范》GB 55002—2021将"使用年限"修订为"工作年限",代表的意义更加明确。根据工程的使用功能、建造和使用维护成本以及环境影响等因素,特别重要的建筑设计工作年限为100年。同时,根据其遭受地震破坏后可能造成的人员伤亡、经济损失、社会影响程度及其在抗震救灾中的作用等因素,建筑分为适度设防类、标准设防类、重点设防类和特殊设防类四个类别。

建筑物或构筑物在地震到来或者遭受较大的风荷载、雪荷载、撞击荷载等时,并非不允许发生破坏,而是其抵抗能力和破坏模式需给予人充分的逃生时间,在灾害来临时,尽可能减少人员伤亡,同时降低建筑的投资成本。建筑的安全性主要由抗震内力计算和内力调整来满足,既要达到抵抗能力的最低要求,又要按照人为设定的加强措施调整破坏模式,如"强柱弱梁、强剪弱弯、强节点弱构件、强柱根、强角柱、强墙肢"等,使建筑物发生耗能能力更强的延性破坏,而非耗能能力弱的脆性破坏。建筑的适用性主要体现在通过加强配筋面积或使用预应力等措施控制结构或构件的挠度、位移、扭转等,在确保结构安全的同时,提高人的使用舒适度。建筑的耐久性即通过控制结构裂缝、抗周边环境侵蚀等方面达到延长使用寿命的目的。

二、结构专业设计知识在监理工作中的应用

（一）钢筋保护层厚度控制

《混凝土结构设计标准（2024年版）》GB 50010—2010第7.1.2条规定,按荷载标准组合或准永久组合并考虑长期作用影响的最大裂缝宽度计算公式为:

$$\omega_{max}=\alpha_{cr}\psi\frac{\sigma_s}{E_s}(1.9c_s+0.08\frac{d_{eq}}{\rho_{te}})$$

其中c_s为最外层受拉钢筋的保护层厚度,且20mm≤c_s≤65mm,ρ_{te}为受拉钢筋配筋率。可见,控制裂缝宽度的有效手段是提高配筋率,降低保护层厚度。

同时,构件承载力计算时大多会用到截面有效高度h_0,例如框架梁抗弯承载力公式:

$$M\leq\alpha_1 f_c bx(h_0-\frac{x}{2})+f_y'A_s'(h_0-a_s')$$

可见,降低保护层厚度可增加h_0,进而提高框架梁的抗弯承载力。

但从混凝土碳化、脱钝和钢筋锈蚀的耐久性角度考虑,《混凝土结构设计标准（2024年版）》第8.2.1条规定了最小保护层厚度。

现场施工时,通常通过加设垫块来保证钢筋的混凝土保护层厚度,然而在浇筑混凝土或检查验收时,经常发生人员踩踏、搁置重物导致钢筋弯折,进而增大保护层厚度,这在板的浇筑时尤为明显,或者漏放、少放垫块导致减小保护层厚度,这都对结构不利。所以,监理工程师要在审核施工方案时关注有无对此方面的管控措施;同时,在巡视检查验收和混凝土浇筑旁站时要加强对操作人员的教育,着重关注有无类似可能导致保护层厚度与设计图纸不一致的行为,进而保证工程质量。

（二）梁柱节点混凝土强度控制

由于框架柱中存在轴压力,即使在采取增加保护层厚度、钢筋间距控制、钢筋规格限值等抗震构造措施后,其延性变形能力通常情况下仍比框架梁小;加之框架柱是结构中的重要竖向承重构件,对防止结构在罕遇地震下的整体或局部倒塌起关键作用,故在结构抗震设计中通常都要采取"强柱弱梁"的措施,即增大柱的抗弯能力,以减小柱端形成塑性铰进而发生转动的可能。计算公式为:

$$\sum M_c=\eta\sum M_b$$

M_c为柱端弯矩,M_b为梁端弯矩,η为放大系数,具体参见《建筑抗震设计规范（2024年版）》GB/T 50011—2010。

现场施工时,监理工程师要严格按照设计图纸要求进行监督检查,尤其对梁柱混凝土强度不一致时,更要格外关注。如原设计柱混凝土强度为C45,梁为C30,施工单位为操作方便,直接将梁柱都按C45的混凝土强度一次浇筑,如这时监理工程师对结构设计概念不清,很容易被施工单位所迷惑,殊不知这有可能违反"强柱弱梁"的设计要求,在遭受罕遇地震时原本可在梁端形成塑性铰的,最终却在柱端形成,进而对结构整体安全产生不可估量的影响。

（三）钢筋等面积代换控制

在现场施工时,会出现设计图纸未充分考虑实际情况,导致构件钢筋无法按图施工,或不利于浇筑混凝土后的振捣操作,需要进行调整,钢筋等面积代换是常用的一种方式,计算公式为:

$$n_1\times d_1^2=n_2\times d_2^2$$

n_1、d_1分别为原图纸钢筋根数、直径,n_2、d_2分别为代换钢筋根数、直径。

《混凝土结构设计标准（2024年版）》第4.2.8条规定:当进行钢筋代换时,除应符合设计要求的构件承载力、最大力下的总伸长率、裂缝宽度验算以及抗震规定以外,尚应满足最小配筋率、钢筋间距、保护层厚度、钢筋锚固长度、接头面积百分率及搭接长度等构造要求。

监理工程师需注意,施工单位提出

钢筋代换时,并非只需满足钢筋截面面积,还有以上众多构造要求需满足,如自身无法确定,务必及时通知建设单位报设计人员复核,切不可"想当然"。同时,根据国内外试验资料,受弯构件的延性随其配筋率的提高而降低,所以构件也有最大配筋率的规定,如《高层建筑混凝土结构技术规程》SJG 98—2021 第 6.3.3 条规定:抗震设计时,梁端纵向受拉钢筋的配筋率不宜大于 2.5%。监理工程师需明确构件的钢筋并不是越多越好,不能被施工单位所迷惑。

（四）钢筋连接质量控制

钢筋连接的形式（绑扎搭接、机械连接、焊接）各自适用于一定的工程条件,各种类型钢筋接头的传力性能（强度、变形、恢复力、破坏状态等）均不如直接传力的整根钢筋,任何形式的钢筋连接均会削弱其传力性能。因此,钢筋连接的基本原则为:连接接头宜设置在受力较小处;限制钢筋在构件同一跨度或同一层高内的接头数量;避开结构的关键受力部位,如柱端、梁端的箍筋加密区等,并限制接头面积百分率等。

钢筋的接头连接质量作为监理工程师审核施工方案、巡视检查、验收时关注的重点,《混凝土结构工程施工质量验收规范》GB 50204—2015 第 5.4.2 条规定:机械连接、焊接接头的力学性能、弯曲性能需进行工程实体检验,出具质量证明文件和抽样检验报告。

（五）框架角柱、底层柱根部施工质量控制

抗震设计的框架,角柱因承受双向地震作用,其扭转效应对内力影响较大,且受力复杂,所以在结构设计中应予以适当加强,规定对其弯矩设计值、剪力设计值增大 10%。此为"强角柱"的设计要求。

一栋楼矗立在那里,其整体可看作嵌固在地面中的悬臂结构,故承受外荷载时底层柱根部是应力较大部位。为了减小框架结构底层柱下端截面和框支柱的顶层柱上端和底层柱下端截面出现塑性铰的可能性,对此部位柱的弯矩设计值采用直接乘以增强系数的方法,以增大其正截面受弯承载力。此为"强柱根"设计要求。

在现场施工时,监理工程师审核施工方案需查看是否有这方面的质量管控措施,同时应着重检查框架角柱和底层柱根部的施工质量,如柱在合模前是否已将杂物清理干净;端部设置的第一个箍筋距框架节点边缘不应大于 50mm;柱混凝土浇筑施工前是否提前对根部洒水湿润清洁;柱根部是否使用 5~10cm 与原混凝土配合比相同的水泥砂浆填塞,以提高柱根部施工质量,防止"烂根"。

（六）对结构开洞的质量控制

为满足设备或管道布置要求,有时要在柱边附近的楼板上开孔。板中开孔会减小受冲切承载计算时的最不利周长,从而降低楼板的受冲切承载力。《混凝土结构设计标准（2024 年版）》第 6.5.2 条规定,孔洞至局部荷载作用面积边缘距离不大于 $6h_0$ 时,受冲切承载力计算的计算截面周长 u_m,应扣除作用点到洞口画出的两条切线之间所包含的长度。

现场施工时,经常由于设计时给水排水专业与结构专业图纸不对应,导致管道敷设时无法按照图中路由施工,进而需要对照墙面、楼板开洞的情况。如此洞非图纸标识的洞口,监理工程师务必注意不能擅自同意开洞做法,应该通过建设单位联系设计院进行复核验算,出具设计变更后再行施工。盲目对墙面、楼板开洞不仅影响结构的整体性,还可能产生应力集中,导致结构受力性能降低。

（七）对施工质量缺陷处理和后浇带位置选择的控制

"蜂窝麻面、结构露筋、烂根"等都是混凝土结构施工的通病,其主要原因是浇筑时振捣不到位或模板未刷界面剂,导致拆模后观感质量不佳。根据以上（二）（五）条阐述的原因,对于柱根、梁柱节点出现类似质量缺陷时,不能简单地用高强度等级砂浆或混凝土填塞抹面处理了之。视情况严重程度,监理单位应及时向建设单位报告,征求设计单位的意见,避免对结构受力性能造成影响。

后浇带是在建筑施工中,为防止出现钢筋混凝土结构由于自身收缩不均匀或沉降不均可能产生的有害裂缝而设置的。对于多数项目,施工准备阶段均需要确定后浇带位置,原理同上,应避开结构受力集中或较大区域,如梁柱节点、主梁跨中和支座边 1/3 区域等,尽量随施工缝一同设置。

结语

建筑工程集周期长、专业多、施工复杂、人为因素多等特点,对参建人员技术要求很高。监理工程师在施工现场承担着把控施工进度、质量、安全、投资等责任,对工程建设发挥着至关重要的作用,不仅对现场管理有较全面的要求,还应熟练掌握施工工艺技术,所以掌握工程设计知识对开展监理工作非常有利。

北京地铁昌平线南延工程蓟门桥站附属结构下穿小月河监理控制要点

刘洪钢

北京赛瑞斯国际工程咨询有限公司

摘　要：本文重点研究地下暗挖施工通过河湖施工的安全质量监理控制要点，对下穿风险源监理工作的事前控制、事中控制，重点对开挖步序、注浆加固、日常巡视及监控量测的措施进行论述。在开挖过程中，首先对风险源有足够的重视，严格按照施工步序进行施工，遇见不利地质情况及时联系各方，确定处置方案，辅以科学的监控量测以顺利通过风险源。

关键词：超前支护；背后注浆；深孔注浆；监测实施

引言

下穿小月河风险源采取全断面注浆加固措施，初支施工过程中及时进行初支背后注浆，多导洞开挖时应多次补注浆，严格控制注浆压力和注浆量，保证注浆效果。监理部对超前及背后注浆过程进行严格把控，对地表及洞内进行监控量测数据分析，保证了施工安全。地下工程进行超前预注浆及开挖过程中的监控量测很有必要。

一、概述

（一）工程概况

昌平线南延蓟门桥站位于北三环中路与西土城路交叉路口，南北布置于西土城路下方。蓟门桥站为地铁12号线与昌平线南延线的换乘车站，两线车站采用T形节点换乘，同期实施。

昌平南延线车站为地下两层岛式车站，车站主体长度218.8m，断面宽度23.1m，车站中心里程处轨顶绝对标高为22.840m，采用PBA暗挖工法施工，为双柱三跨拱形断面。车站附属工程包括：3、4号风亭组，D、E出入口，4、5、6号安全口。车站两端均为矿山法区间。D出入口位于蓟门桥车站西北角的现状绿地内，E出入口位于蓟门桥车站西南角的现状绿地内，出入口采用明暗挖结合方式施工，暗挖采用CRD工法和台阶法施工，出入口通道部分结构拱顶埋深为5.5~15.5m，底板埋深为12.8~22.0m。

（二）工程水文地质情况

根据勘察单位提供的水位资料，该站范围内分布潜水（二）和层间潜水（三）。潜水（二）稳定水位标高为34.60~37.80m，层间潜水（三）稳定水位标高为19.80~20.30m，出入口顶、底板及爬坡段局部进入潜水（二），出入口通道下穿小月河和元大都遗址公园，拱顶距离小月河河底9.05~10.29m，距离元大都遗址公园约15.86m，为了确保施工安全，该工程地下水处理原则为：地面有降水条件的明暗挖结构采用降水施工；昌平线南延D、E出入口下穿元大都遗址公园及小月河范围地面无降水条件，采用全断面注浆止水措施。

二、工程重点、难点分析

D出入口及5号安全口、3号无障碍电梯风险主要为建筑物、管线及道路风险，其中一级风险5个，二级风险5个，三级风险3个；E出入口及6号安全口风险主要为建筑物、管线及道路风险，其中一级风险5个，二级风险5个，三级风险3个。地下暗挖作业下穿河道及地下管线较多，对开挖面土体超前加固、地面沉降等风险控制方面要求严格，需要建立完整可靠的安全质量管理体系、制定一整套风险管理措施，防止暗挖施工过程对周边遗址建筑、地下管线造成影响，避免涌水、涌砂等事故发生。

三、施工作业前监理控制要点

（一）方案审批

依据住房城乡建设部《危险性较大的分部分项工程安全管理规定》（第37号令）、《关于实施〈危险性较大的分部分项工程安全管理规定〉的通知》（建办质〔2018〕31号）、《关于印发〈北京市房屋建筑和市政基础设施工程危险性较大的分部分项工程安全管理实施细则〉的通知》（京建法〔2019〕11号）文件要求，该暗挖工程属于超过一定规模的危险性较大的分部分项工程，专项施工方案应当由施工单位技术负责人审核签字、加盖单位公章，并由总监理工程师审查签字、加盖执业印章后，由施工总承包单位组织召开专家论证会对专项施工方案进行论证。

方案论证通过后，方案实施前应由方案编制人员对施工现场技术员、安全员、质量员、施工员进行方案交底，质检部在安全员共同参与下，对施工现场作业人员进行安全技术交底。

（二）首件验收

依据北京市住房城乡建设委员会、北京市重大项目指挥部办公室《北京轨道交通建设工程首件验收管理办法》文件要求，轨道交通建设工程的首件验收工作是按照发生质量缺陷的概率以及缺陷的严重程度分为A、B两类组织验收。A类项目首件验收由总监理工程师组织，总监代表、驻地监理工程师、专业监理工程师等参加，由总监理工程师签认首件验收单。B类项目首件验收由总监代表或驻地监理工程师组织，专业监理工程师等参加，总监代表或驻地监理工程师签认首件验收单。

（三）条件核查

依据北京市住房城乡建设委员会《关于印发〈北京市城市轨道交通建设工程关键节点施工前条件核查管理办法〉的通知》（京建法〔2018〕1号），遵循"风险预控、关口前移"的管理理念，涉及的各种风险工程施工前进行条件核查是落实施工现场质量安全风险预控管理的重要手段。监理单位在关键节点施工前，根据施工风险等级（划分A类核查或B类核查）组织相关单位对施工现场的技术、环境、人员、设备、材料等相关条件是否满足工程质量和安全生产要求进行核对检查。

四、施工过程中监理控制要点

（一）超前支护

出入口通道初支开挖过程采用全断面深孔注浆加固，加固范围为开挖轮廓线外3m范围（隔水层不进行注浆），纵向处理范围为开挖面距河湖、水渠堤岸前后10m范围内。注浆压力为0.2~0.8MPa，注浆扩散半径不小于0.25m。监理人员对超前注浆过程进行旁站并填写记录，根据注浆压力和注浆量判断开挖面土体加固状态，禁止超压注浆，遇到失压情况应立即停止注浆，派专人对周边进行巡查、分析查找原因。

注浆效果检查。每循环注浆施工结束后，通过在注浆体内钻孔，观察砂层的水流量，确定加固范围，达不到设计要求需进行补充注浆。检查孔的数目每个循环设2个检查孔，长度分别为3m和不超过注浆段长度（如注浆段长度为8m，则取7m），角度为30°和15°，并检查孔内涌水量，涌水量小于0.2L/min方可开挖。

（二）开挖过程风险控制

1）导洞开挖均采用预留核心土环形台阶法施工。从起拱线位置分为上、下两层台阶开挖。上、下台阶掌子面距离控制在3~5m范围内。

2）拱部采用人工分段分节开挖，顺着拱外弧线用人工进行环状开挖并留核心土，施工时在确保注浆效果较好的条件下，先开挖两侧起拱线位置侧土体，后开挖靠近拱部侧土体。开挖尺寸满足要求后，立即架立钢格栅，并用C25网喷混凝土及时封闭。

3）施工中严格控制开挖进尺，避免冒进。保证开挖中线及标高符合设计要求，确保开挖断面圆顺，开挖轮廓线充分考虑施工误差、变形和超挖等因素的影响。

4）同一导洞内，上、下掌子面台阶长度保持在3~5m，尽早封闭成环，减小沉降。

5）确保监控量测跟进掌子面进度，确保监测数据及时反映掌子面施工情况，当发现拱顶、拱脚和边墙位移速率值超过设计允许值或出现突变时，应及时施工临时支撑或仰拱，形成封闭环，控制位移和变形。做好开挖的施工记录和地质断面描述，加强对洞内外的观察。

6）开挖时配备足够的作业人员，快速成型，杜绝欠挖，减小超挖。意外出现的超挖或塌方采用喷混凝土回填密实，并及时进行背后回填注浆。

（三）背后注浆

由于土方开挖扰动土体，施工期间应根据监测结果及时对初支背后进行回填注浆，以确保初支背后回填密实，确保土体稳定，多导洞开挖时应多次补注浆，严格控制注浆压力和注浆量；二衬施工过程中，应及时进行二衬背后注浆，严格控制注浆压力和注浆量，通过二衬背后注浆确保二衬结构与初支结构密贴，共同承受隧道特殊荷载。监理人员对超前注浆过程进行旁站并填写记录。

（四）临时支撑拆除

二衬施工前，在洞内及地表检测数据稳定的情况下，方可进行洞内初支临时支撑拆除。初支临时支撑拆除考虑二次衬砌钢筋甩头及防水甩槎（两端各预留1m），二次衬砌每仓长6m，拆除长度为每段6m+2m=8m。具体施工步序如表1所示。

拆除过程中，安全员应在场监督拆除过程是否按照方案要求执行，监理人员对拆除过程进行巡视。

（五）监测实施

地下工程按信息化设计，现场监控量测是监视围岩稳定、判断隧道支护衬砌设计是否合理安全、施工方法是否正确的重要手段，施工监测范围一般应包括强烈影响区、显著影响区及一般影响区，通过监控量测，达到以下目的：

1）将监测数据与预测值相比较，判断前一步施工工艺和支护参数是否符合预期要求，以确定和调整下一步施工，确保施工安全和地表建筑物、地下管线的安全。

2）将现场测量的数据、信息及时反馈，以修改和完善设计，使设计达到优质安全、经济合理。

3）将现场测量的数据与理论预测值比较，用反分析法进行分析计算，使设计更符合实际，以便指导今后的工程建设。

施工前应做好对周围建筑物、地下管线的调查及记录工作。在施工中加强监测。暗挖洞内拱顶沉降点、洞周收敛测点每5~10m一组，位置与地表测点相对应。加强监控量测工作的管理，确保信息反馈的准确性。及时绘制位移—时间和位移速率—时间曲线，对数据进行回归分析，推算最终位移值，确定曲线变化规律，并据此指导施工。监测要随通道开挖连续进行，开挖卸载急剧阶段，应采用最小监测间距，实测数据出现任何一种预警状态时，监理单位应立即组织各参建单位进行监测预警分析会议，分析预警产生的原因及下一步处理措施。施工过程必须实施动态风险管理，利用监测数据和风险记录，对施工期间风险进行动态跟踪及控制。

（六）应急管理

每个开挖作业面附近均配备足够的应急专用抢险物资，如钢拱架、编织袋、木板、方木、水泵等，抢险物资专料专用。

施工过程中如果出现涌水、涌砂等情况，应急处置措施如下：

1）洞内塌方后，先加固坍塌面，挂钢筋网、喷射混凝土封闭塌方工作面，防止坍穴扩大，同时加强防水、排水工作。

2）当塌方规模较小时，及时回喷密实，并加埋回填注浆管进行回填注浆。

3）当塌方规模很大，渣体堵死洞

临时支撑拆除施工步序	表1
第一步：初期支护背后注浆，之后分段依次截断仰拱厚度范围内中隔壁，一次截断一侧一榀，铺设防水板及保护层，纵向8m范围内格栅截断、防水层铺设及格栅接续施工完成后，浇筑仰拱混凝土，预留钢筋、防水板接头。侧墙架设工字钢22a横撑，纵向间距1m	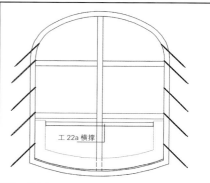
第二步：根据施工监测情况，逐层拆除临时仰拱并施作侧墙、临时横撑及顶拱防水层（中隔壁型钢与顶拱相接处采用加强防水措施），浇筑二衬结构，封闭成环，达到结构设计强度后再拆除临时支撑。及时进行二次衬砌背后注浆	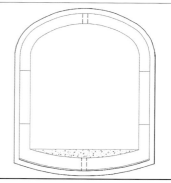

身时，查清坍塌发生规模及位置，并对地面车辆进行必要交通导改，以免地面沉陷带来其他安全事故。在坍穴内采用管棚法或注浆凝固法稳固坍体，待其稳定后再按先上部后下部的顺序清除渣体。开挖过程中，应严格控制拱顶沉降，避免由于洞室塌方诱发的路面沉陷而酿成更大的安全事故。

4）采用调整台阶长度、减小开挖面积、增强支护强度等措施穿越塌冒区。必要时采用CRD法穿越塌冒区，塌冒区段要减小初衬格栅钢架的间距，或采用型钢钢架代替格栅钢架，增强支护强度。

5）严格控制格栅步距，适当减小开挖步距，以形成竖井施工面的快速封闭，实现十八字方针中的"短开挖、快封闭"原则。

6）现场出现界面水，采用明排降水措施，在竖井内设置集水坑，将风道内集水抽至竖井内集水坑，再将竖井内集水抽至地面。

7）竖井施工面土层含有少量层间滞水，采用真空降水措施进行降水，确保无水施工。

8）当竖井施工面出现大量涌水、涌砂时，应及时封闭竖井施工面，调整超前注浆施工工艺，采用深孔注浆工艺进行注浆加固。

9）加强对洞内及地表巡视工作，安排领导进行值班，发现紧急情况及时上报。

五、效果评价

通过监理对穿越小月河风险源的全过程控制，超前支护和回填注浆效果良好，拱脚处出现不利地质情况时，通过及时搭设锁脚锚杆并注浆加固拱脚位置土体、调整格栅使其快速成环形成拱部支撑力，顺利通过了风险源。

结语

监理部严格遵循地下暗挖十八字方针"管超前、严注浆、短开挖、强支护、快封闭、勤量测"的原则进行监理工作。施工过程中严格要求施工方进行三检制程序，秉持质量控制和风险控制密切相关的理念，监理人员对超前注浆、土方开挖过程、格栅架设安装、初支喷锚作业各道工序进行验收并进行视频旁站或现场旁站，结合地下工程施工信息化管理，现场监控量测数据实时上传至风险监测平台，通过每日监测数据监视洞内收敛、沉降，以及地表沉降变化情况，判断围岩稳定、隧道支护衬砌是否处于安全状态、施工方法是否正确。

通过每日对现场质量、安全隐患管控，隐患问题采用信息化管理手段高效处理，人工暗挖施工下穿小月河过程未发生质量、安全事故。

浅谈分布式光伏系统在绿色建筑中的应用

焦建雷　金　巨　焦雪梅

北京兴电国际工程管理有限公司

> **摘　要**：随着绿色建筑的发展，在设计新型建筑时，开始注重节能环保和智慧建筑等方面的研究，以降低建筑能耗，提高建筑节能效果为目的。在此形势下，分布式光伏发电在绿色建筑中得到了广泛应用，其安全可靠、绿色环保的特点与绿色建筑的发展方向一致。
>
> **关键词**：绿色建筑；光伏发电；分布式；节能

绿色建筑将成为我国未来建筑的主要方向，人们会更加关注绿色环保的概念，更加认识到环境保护的重要性。在未来的建筑发展中，绿色建筑可以利用可再生资源，降低对环境的污染程度甚至完全不产生影响。节能环保是衡量绿色建筑的重要指标之一，建筑企业高度重视绿色建筑的能耗比，以创造生态宜居的人居环境。分布式光伏发电系统是太阳能发电技术的新发展，光伏发电作为一种以一次能源为光辐射能的新型发电形式，自绿色建筑兴起以来，得到了广泛应用。随着分布式光伏系统技术的进一步发展，分布式光伏系统在绿色建筑中的应用空间越来越广阔，从而推动绿色建筑在节能环保方面的进一步发展。

分布式光伏系统是太阳能发电技术的一种，利用各种光伏组件进行光电转换，通过各种电力电子装置进行电能的变换，将其与公共电网连接，实现分散式发电与公共电网的并网连接。分布式光伏发电系统多使用小型太阳能发电设备，广泛分布在各类建筑中。

一、分布式光伏系统的优势

（一）建设成本低，经济效益好

分布式光伏系统分布在各个建筑物中，可根据建筑物附着面设计光伏系统的装机容量。将绿色建筑与分布式光伏系统一体化建设，光伏组件可安装在绿色建筑的屋顶、窗台等位置，配电柜、逆变器等设备体积较小，可装设在建筑物侧面墙壁或其他位置。目前，我国相关部门对于光伏发电系统的经济补贴政策，遵循"自发自用、余量上网"的原则，在满足绿色建筑用电需求的基础上，多余的电力可在并网后转化为经济效益。

（二）配套公共电网，实现电网"削峰填谷"

分布式光伏系统产生的电能，能够在满足绿色建筑电能需求的前提下并入市政电网，供公共电网调配。在分布式光伏发电系统的支持下，绿色建筑日常需要的电力将得到自身补给，缓解公共电网在用电高峰期间的调峰压力。

（三）节能环保，对环境污染小

分布式光伏发电系统是利用半导体器件内"光生伏打"的物理现象，将太阳光辐射能直接转换为电能，没有机械损耗，是一种可持续利用的清洁能源。分布式光伏系统应用到绿色建筑中后，能够起到节能环保的效果，在发电过程中无需煤炭、石油的消耗，对环境的污染程度小，且分布式光伏发电系统在运行期间噪声小，不会影响绿色建筑物周围的居民。

（四）后期维护简单，可靠性高

一般情况下，分布式光伏发电系统装机容量都较小，安装空间要求也不高，在运行过程中，用户可自行控制分布式光伏系统，实现分布式光伏系统的自我调节，以免发生大规模的"孤岛效应"，安全性较高。投入使用后，分布式光伏系统运行比较稳定，且产生的故障少，绝大多数故障为简单故障，用户可自行排除，对专业光伏运行技术人员的依赖程度较低，能够保障光伏发电系统的可持续运行。分布式光伏系统投入使用后，具有可靠性高、维护简单、运行稳定的优势，能够满足绿色建筑对光伏系统的实际需要。

二、分布式光伏系统在绿色建筑中的应用

（一）绿色建筑中分布式光伏系统的组成

1）光伏电池组件。分布式光伏系统中最为主要的是光伏电池组件，是分布式光伏系统光电能量转换的枢纽。常见的光伏电池组件有单晶硅、多晶硅、非晶硅。其中晶体硅电池组件的转换效率高，理论极限效率可达29.43%，被广泛地应用于大型地面电站和BAPV（后安装型太阳能光伏）中。非晶硅电池组件的转换效率较低，但非晶硅电池组件具有柔性化、色彩化等特点，也应用于一些BIPV（光伏建筑一体化）中。晶硅电池因制造工艺不同又分为单晶硅电池组件和多晶硅电池组件，单晶硅电池组件光电转换效率略高于多晶硅电池组件，但单晶硅的造价较高。为考虑建设成本和建筑美观协调，当前绿色建筑分布式光伏系统建设中，BAPV项目多使用多晶硅电池组件，BIPV项目多采用非晶硅电池组件。

2）汇流系统。分布式光伏系统的汇流系统一般为直流汇流模块。汇流系统的作用在于可将光伏电池组件中较小电流的电能汇聚后调整为与逆变器匹配数量的电流等级，与并网逆变器连接，较大容量的分布式光伏系统一般还会装设汇流箱，汇流系统中一般均会装设防逆流二极管，避免夜间光伏系统不发电时能量倒流。

3）并网逆变器。分布式光伏系统中光伏电池组件是将光辐射能直接转换为直流电能，目前国家电网对于电能并网的最低要求为交流220V、50Hz，需要在分布式光伏系统中装设逆变系统。逆变系统主要的装置是并网逆变器，逆变器设备的作用为完成汇流系统中输入的直流电能和并网要求的交流电的转换。

4）其他设备。分布式光伏系统中还应装设配电系统、防雷接地系统、保护系统等。其中配电系统与公共电网相连接，将绿色建筑分布式光伏系统产生的多余电力通过双向电表输送到公共电网中，经过公共电网的配送，实现电力的合理调配。防雷接地系统的装设保证了绿色建筑中分布式光伏系统不会因雷击或漏电产生各类安全隐患。保护系统保证了分布式光伏系统各类过电流、短路等电路故障造成的系统停止运行。

（二）分布式光伏系统的安装方式

1）BIPV系统。BIPV是新兴的一种建筑方式，将分布式光伏系统代替原有的建筑材料融入绿色建筑，使绿色建筑具备分布式光伏系统的发电优势，并兼具了建筑材料的建筑功能。BIPV一般表现形式为光伏幕墙、光伏采光顶、光伏屋顶等。光伏幕墙一般利用铜铟镓硒薄膜电池组件（CIGS）代替传统玻璃分布于绿色建筑中，由于CIGS薄膜太阳能电池的弱光效应，非常适合在绿色建筑中应用。CIGS也可以应用于绿色建筑的采光顶中，晶硅电池组件也兼具了发电与采光两种功能。光伏采光顶在绿色建筑中应用案例较多，如大连国际会议中心、桂林海洋农业公园等。

2）BAPV系统。BAPV为安装型太阳能光伏建筑，方式较为简单，在绿色建筑的楼面屋面上加装支架，在支架上安装光伏组件，在室内装设各类光伏系统设备，便可以完成分布式光伏系统的安装。BAPV的安装形式具有安装简单、使用稳定、维护方便的优势，是目前较为热门的一种安装形式。应用BAPV安装形式时，应注意结合绿色建筑的特点进行，降低BAPV对绿色建筑的不利影响。

（1）混凝土层面的安装。现代绿色建筑多为混凝土层面，在混凝土层面安装时，应注意安装的光伏组件不应超过混凝土层面的承载力，防止光伏组件对混凝土层面造成破坏。安装光伏组件时，应在下面垫木板等，并做好加固，减少因大风、雨雪天气光伏组件对混凝土层面造成冲击和破坏。

（2）斜度较大的屋面安装。斜度较大为分布式光伏设备的安装制造了一些困难。施工人员安装前应对斜度较大的屋面进行角度测量，确定倾斜角度，再结合当地的气象参数计算光伏组件的安装倾斜角后安装。安装时，应当特别注意使用安装支架将光伏设备固定在斜度较大的屋面上，防止风力、雷电造成的伤害。

（3）彩钢瓦屋面的安装。彩钢瓦是近年来兴起的一种建筑材料，相较于混凝土屋面，彩钢瓦屋面具有安装简单、造价低的优势，在一些对屋面强度要求较低的建筑中得到了广泛应用。彩钢瓦屋面的承载力较低，安装光伏设备时应进行平铺安装，尽量不加设支架，安装

密度也不宜过大，防止超过彩钢瓦屋面承载力。

结语

BIPV 和 BAPV 在绿色建筑中的应用，推动了分布式光伏系统在绿色建筑内的广泛应用，发挥出分布式光伏系统的发电优势，降低绿色建筑的能耗，使绿色建筑具备更强大的节能、环保等功能。随着绿色建筑的发展，越来越多的分布式光伏系统在绿色建筑中得到应用，有力推动了绿色建筑的发展。

参考文献

[1] 陈浩龙.分布式光伏系统在绿色建筑中的应用[J].智能城市，2021，7（18）：122-123.

[2] 邓长征，杜志恒，陈洁.配备储能装置的分布式光伏系统并网点电压调压策略研究[J].电工材料，2020（1）：41-45.

[3] 石建明，唐承志.一种应用于分布式光伏系统的耐低温储能电池[P].中国专利：CN210040290U，2020.02.07.

[4] 李大虎，方华亮，孙建波，等.平面分布式光伏系统结构及经济性研究[J].电源技术，2019（2）：286-289.

[5] 赵滨滨，王莹，王彬，等.基于 ARIMA 时间序列的分布式光伏系统输出功率预测方法研究[J].可再生能源，2019（6）：820-823.

工程测量数据偏差分布分析方法的探索与应用

梅可馨

西安高新矩一建设管理股份有限公司

> **摘　要**：本文通过阐述工程管理过程中实测实量工作，提出利用工程测量数据偏差分布分析方法（简称"偏差分布分析方法"）实现定量分析实测实量数据结果的目标，并结合工程实际实测实量数据进行方法验证，针对实测实量数据归纳总结出一套依托SPSS参数分析来评判施工质量优良程度的方法，为工程建设过程中控制施工成品质量提供一种更为科学、精细的管控参考。
>
> **关键词**：实测实量；数据统计；工程质量评估；SPSS

近年来，随着"四新技术"、装配式等概念在建筑行业的推广与应用，建筑工程质量问题的预防与控制变得愈发重要，实测实量作为工程实体质量量化评估体系中最为客观和重要的手段之一，是工程建设过程中控制施工成品质量的精细化管理的重要一环。目前，大多数工程质量评估中的实测实量模块是针对测量部位、测量点数、测量手段等进行优化调整，而对实测实量数据这一量化指标缺乏科学性的分析处理，通常使用测量结果的合格率来判定工程实体质量，该方法所得结果虽然可以反映施工实体的质量合格与否，但无法判定在施工过程中实体质量的控制水平与控制程度。因此，如何充分发挥实测实量数据的应用价值，进一步利用实测实量数据来进行施工质量优良程度评判，进而判定工程质量的管理成效，是值得从业者进行思考和研究的课题之一。

本文通过引入统计学中的概率分布及SPSS数据分析软件，在快速处理数据的同时，实现对实测数据的充分利用，从而达到对实测实量数据应用方法创新优化的目标，提高用于反映实体工程质量的量化指标的细化程度，增加质量管控依据的严谨性。

一、研究背景与意义

（一）开展实测实量的重要性

随着人们生活水平的日益提高，购房者对于房屋质量的要求也与日俱增，各参建单位通过不断完善项目质量评估体系，实现工程施工过程的有效管控。质量管理、成本管理、工期管理是项目管理的核心部分，其中质量管理更是关乎购房者使用权益及人民生命财产能否得到保障的重中之重。实测实量作为质量管控中的重要手段，对提升房屋结构质量和交付顺利程度有着极大的影响。

（二）实测实量数据的应用情况

传统的实测实量数据分析是根据公式"合格率=合格数/抽样总数"，通过计算合格率来粗略判断实体质量是否符合国家规范，该方法的最大弊端在于当不同批次的工程实体对应的合格率相等或近似时，不能具体反映出实测数据偏差的整体趋势，因此，无法进一步判定工程质量的优良程度及后期管控成效。

（三）引入偏差分布分析方法的意义

本文所提出的偏差分布分析方法是以分布函数对应的关键参数为核心，根据统计学中的数据分析原理，将关键参数的重要程度进行划分，将数据背后的数学意义转化为用于工程质量量化评估的物理意义。该方法可基于SPSS软件进行数据处理，快速实现数据分布结果及关键参数的输出，高效整合偏差数据，输出可视化的偏差分布直方图，直观展现相关参数，让数据分析人员通过图与数的结合，更好地判断施工过程中实体质量的管控程度。当参数所示的实体质量管控成效明显下降时，方便监理人员及时介入，针对工程质量下降的原因针对性地进行分析，使施工单位及时整改，最终确保监理单位质量管理工作保质保量地完成。

二、数据统计应用方法介绍

（一）理论来源

正态分布在统计学和数学中的应用十分广泛，其中均值和方差是专门用于研究正态分布的关键参数，而现实生活中，很多情况下数据的分布类型并非有着较好数学性质的正态分布，而是偏态分布。在对数据的表达准确性要求较高的情况下，通常需要将偏态分布通过软件或公式转化为正态分布再进行分析，而鉴于实测实量过程中本就存在人为的测量误差，因此，对于数据分析的精准度无过高要求，可直接通过分析偏态分布的中位数和四分位距，对工程质量的优良程度进行评判。

（二）方法简介

工程实测实量数据偏差分布分析方法主要包含数据的采集与整理、数据曲线拟合及关键参数对比，来反映实测实量测量结果下工程质量的优良程度。具体如下：

1. 数据的采集与整理

实测实量的测量项按分部工程分为混凝土工程、砌体工程、抹灰工程、地面工程，测量人员通过测量仪器完成实体的测量，通过收集整理实测实量中垂直度、平整度等测量参数，将所测参数的偏差值按不同标段和楼号、楼层划分录入 Excel，即可完成数据的初步整理。经多次在实际工程中试点应用可知，实测实量数据的有效分析体量为每个测量项至少 20 个偏差数据，因此，该偏差分布分析方法对实测数据的准确性及数量级均有要求，需要实施人员精准把控实测实量要点，得到一定数量的精确数据。

2. 数据分析

因样本体量、施工质量和测量误差等因素的影响，该方法下所分析的实测实量的偏差概率分布主要以正态分布理论进行，其结果将出现三类情况：正态分布、偏态分布（左偏态分布、右偏态分布）、离散分布。

1）数据分布曲线拟合研究

如图 1～图 3 所示，是测量数据分析结果的几种结果形式，直方图横坐标表示数据偏差范围，纵坐标表示样本数量。其中，离散分布是上述三种分布情况中最应避免出现的，当偏差概率分布为离散分布时，说明施工成品的偏差值分布不均匀，施工质量的均匀性较差，施工质量管理成效较小；当偏差概率分布符合正态分布或偏态分布时，说明施工成品的偏差分布较为均匀，可进一步通过分析相关统计量来评判施工质量的优良程度。

2）偏态分布关键参数的分析研究

由于在实际数据分析中实测数据偏差值的分布多为偏态分布，因此，本文对偏态分布进行应用方法讲解。偏态分布条件下，需重点对中位数和四分位距两个数据参数进行分析，其中，中位数反映实测偏差值的分布情况（数据主要聚集在偏差值某毫米周围），四分位距反映实测偏差值在均值周围的聚集程度。

根据该研究方法，拟合分布的中位数在（0，x）的实测标准范围内，中位数越大（越接近 x），说明施工成品越接近不合格，施工质量整体情况越差；所得拟合分布的四分位距越大，说明各偏差值距中位数的偏差程度越大，偏差值的分布越离散，施工质量越差。当合格率、中位数、四分位距均相等时，通过读取并计算拟合直方图中，中位数及中位数以左偏差值的频数之和 $S1$，利用公式 $\rho=S1/S$（S 为该组数据的频数之和），其中 ρ 越大，说明该组数据中大部分偏差值离不合格限值越远，施工质量越好。

综上，传统实测实量合格率分析及数据偏差分部分析条件下，在对比各数据组时，合格率的高低为评判施工质量优劣的第一层标准；在合格率相同的情况下，中位数为第二层标准；在合格率、中位数相同的情况下，四分位距为第三层标准；比值 ρ 为第四层标准。

3）正态分布关键参数分析

测量数据分析结果在正态分布条件下，需重点对均值和方差两个参数进行分析。均值的分析方法参照前文中的中

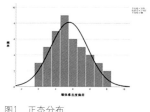

图1 正态分布

图2 偏态分布

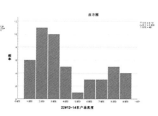

图3 离散分布

位数分析法，方差的分析方法参照前文中的四分位距分析法，当两对数据组的拟合曲线分别呈正态分布和偏态分布时，正态分布的均值与偏态分布的中位数相对比，正态分布的方差与偏态分布的四分位距相对比。

（三）方法应用价值

数据偏差分布分析方法的核心是通过收集整理的实测数据，在判定各批次实测实量检查项合格率的基础上，通过绘制"测点频数—偏差值"直方图，对数据进行进一步的偏差概率密度曲线和拟合曲线。通过分析偏差值的分布情况和集中趋势，评判施工质量的优良程度及质量控制成效，帮助指导或纠偏后期施工，从而既保证工程质量达到设计要求，又能追踪动态控制下后续施工质量的提升和改善情况，最终在原有"合格率法"的基础上，实现事中和事后的动态质量控制的同时，综合评判施工质量的优劣、优良程度及均匀性好坏，达到"优中更优"，协助项目部日常监督施工单位工程质量。

三、工程实测实量数据偏差分布分析应用案例

（一）案例情况

某项目为高档住宅小区，总建筑面积为69016.25m²，主要包括19号、21号和22号住宅楼，均为剪力墙结构，地上26层、地下2层，开发商要求在实现控制成本的同时，严格把控施工质量，提升住户对建筑的整体观感体验及满意度。在此环境下，公司结合项目主体施工阶段监理人员实测实量，将传统合格率数据统计方法与数据偏差分布分析方法进行了融合应用。

以该项目3栋楼东户剪力墙的垂直度偏测量数据进行了统计分析为例，将该项目21号楼9~23层作为分析对象，以每3层划分为一个批次，将整理好的数据Excel表格导入SPSS并输出相关直方图和参数表格，数据拟合结果如图4所示。

根据图4曲线拟合情况，节选数据分析中最具有代表性的重要参数，如表1所示。

通过分辨SPSS导出的直方图可确定9~23层东户剪力墙垂直度偏差数据均符合偏态分布，在施工过程中持续跟踪比对各批次楼层的实测数据所对应的中位数和四分位距可知：

①~④的中位数在逐渐增加，说明实测偏差数据的整体集中趋势在逐渐接近不合格，同时，四分位距的增加表示偏差值的分布越来越离散。在此数据对比的理论支撑下，监理部结合每月实测实量评估报告，对易出现建筑结构质量不佳的部位进行标注，并在21~23层东户剪力墙构筑时，在对应位置实施有针对性的管控措施。

21~23层东户剪力墙垂直度偏差数据的中位数小于18~20层，且四分位距维持不变，监理部在分析9~20层相关数据并采取有效的质量管控措施后，在21~23层东户剪力墙构筑时实现了实体质量的提升，达到了偏差分布分析方法的应用意义及目的。

根据此应用方法，在该项目主体施工阶段、二次砌体及装饰装修阶段的实测实量工作中，将传统合格率与数据偏差分布分析方法进行了充分融合应用。

（二）数据分析方法应用成效

在项目主体结构施工阶段，项目全体监理人员根据主体结构拆模进度，及时跟进对结构墙面垂直度、平整度及结构尺寸进行实测实量并收集整理数据，并通过

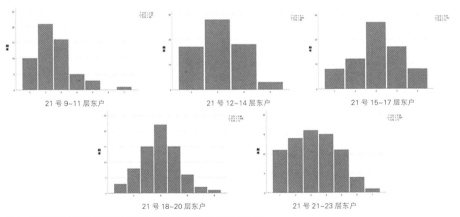

图4 某项目21号楼9~23层东户剪力墙垂直度测量数据拟合曲线

某项目21号楼9~23层东户剪力墙垂直度测量数据偏差分布分析表　　表1

楼号	序号	楼层	是否可看作偏态分布	中位数	四分位距
21号楼	①	9~11	是	2	1
	②	12~14	是	3	2
	③	15~17	是	3	2
	④	18~20	是	4	2
	⑤	21~23	是	3	2

数据统计分析，累计编制5份阶段性评估报告，通过前期阶段性的评估，对造成偏差过大的原因进行分析，制定问题整改及后续施工改进措施，确保了后续主体施工质量的控制效果，减少了后续施工质量问题返工带来的工期与资金浪费。

二次砌体及装饰装修阶段，针对二次砌体抹灰墙面的平整度和垂直度以及管道、电气安装位置偏差、公共区域地砖铺贴平整度、空鼓、栏杆高度与间距等参数进行实测实量，并对数据进行统计分析，针对合格率低、质量波动大的区域部位，严格销项整改，并采用模拟飞检的方式对整改效果进行验证，通过以上措施使砌体抹灰质量得到有效控制，整体施工质量稳中向好。

截至2022年底，项目监理机构共计对现场土建及安装工程实测部位取点位7125点，在2022年5月、7月及9月组织的第三方飞检实测实量环节中取得了94.34、95.83和92.74分的高分，达到国内一线商品房实体质量优秀的平均水平，工程监理服务工作评分在7月和9月均取得了96分的高分，在建设单位同批次建设的8个项目中，排名第一，工程质量控制方法改进的效果得到了充分验证，受到了建设方的肯定与赞扬，为项目后续的顺利交付奠定了坚实基础。

结语

偏差分布分析方法利用统计学原理，结合软件设备高效处理实测数据，并通过对数据的分析实现对施工质量问题的有效预警，协助监理部更有依据地督促施工单位整改，并对后续施工过程实施有效的质量管控。当前三维激光扫描技术及AI实测实量机器人已大量投入工程建设领域的实际操作中，并获得了显著成效和相关理论反馈。

本文提出的工程测量数据偏差分布分析方法是基于SPSS的一套较为完善的实测实量数据应用手段，数据的处理依赖于SPSS高效的数据转化及整合能力。根据这一特征，有望在未来探索实现三维扫描技术及AI实测实量机器人与SPSS软件相关联的可能性，即摒弃当前利用平面图纸标注实测数据再人工转化为表格的方法，而通过三维扫描技术或AI实测实量机器人较为精准地读取建筑结构实测数据，并同步导入SPSS，以数据偏差分布分析方法作为数据处理及实测实量标准评定的技术支持，快速高效地完成不同批次建筑结构的实体质量优良程度评判，实现从测量工具到数据整合能力的新突破。

浅谈混凝土结构改造工程监理质量控制要点

喻贞贞

重庆华兴工程咨询有限公司

> **摘　要**：随着社会经济的不断发展，对既有建筑功能布局提出新的需求。若采取简单的拆除重建，将会造成巨大的资源浪费和环境污染压力，那么对既有建筑采取结构加固，改善使用功能，提高建筑使用寿命具有重要的意义。本文结合作者参与监理的某办公楼结构加固改造工程，浅谈建筑主体结构加固改造工程的监理质量控制要点。
>
> **关键词**：改造加固；增大截面；外包型钢；粘贴钢板；碳纤维布；监理质量控制要点

引言

该工程原设计为33层框架结构超高层建筑，于2014年设计、兴建。2023年因建设单位对－1~5层（裙房）建筑使用功能、布局进行调整，局部位置改造为设备机房、电梯，局部楼板、屋面板的使用功能改造为指挥大厅、会议室、办公室。设计单位依据2022年抗震规范进行了验算，完成了相关的结构改造设计。

该工程采用了多种加固技术，对部分梁采用的是混凝土构件增大截面加固、外粘钢板加固以及外粘纤维复合材料加固，对楼板采用的是外粘钢板加固和外粘纤维复合材料加固，对柱采用的是外包型钢加固。施工专业性强，因此，必须由具有特种工程专业承包（结构补强）资质的施工单位进行施工。这就需要监理单位对施工单位资质及人员资格进行严格把关，严禁人员无证上岗、操作。

另外采用外粘钢板、外粘贴纤维复合材料和混凝土构件增大截面等加固方式时，混凝土基层界面的处理对保证加固质量十分重要，在施工中必须严格监控；同时，还必须做好对新旧混凝土界面的处理、凿毛、充分湿润、涂刷界面剂，保证连接面质量及可靠性。

一、混凝土构件增大截面加固（包括种植钢筋）

即选用增大混凝土结构的截面面积，以加大其承重力和满足正常运用的一种加固办法。该方法具有力学传递合理、施工方便等特点。

（一）加固前准备阶段监理控制要点

1. 设计审查：监理人员应对加固设计进行审查，确保设计方案符合现行国家标准和规范，同时能够指导现场施工。

2. 材料检验：对用于加固的混凝土（商品混凝土或高强灌浆料）、钢筋等原材料进行检验，确保其质量符合设计要求，并提供合格证明文件。

3. 施工方案审核：审核施工单位提交的加固施工方案，确保施工方案合理可行，满足设计要求，并符合相关安全规定。

（二）加固施工过程监理控制要点

1. 截面尺寸控制：监理人员应核查增大截面的尺寸是否符合设计要求，避免出现偏差。

2. 钢筋安装质量：首先，检查钢筋加工、制作和绑扎质量，尤其是后植钢筋的锚固质量，应满足设计拉拔试验值要求。其次，确保钢筋间距、数量和连接方式符合设计要求，从而保证加固构件的整体性。需特别注意的是，如果在施工过程中发现植筋和锚固部位的原有钢筋产生了碰撞，需请设计人员到现场核实并重新确定植筋位置。

3.混凝土浇筑质量：原构件混凝土界面（黏合面）需经修整露出骨料断面后，尚应采用花锤、砂轮机或高压水射流进行打毛；必要时，也可凿成沟槽。监理人员应监督混凝土的浇筑过程，确保混凝土均匀密实，无空洞、裂缝等质量缺陷，同时加强混凝土的养护，尤其要注意冬期施工时的养护措施。

（三）加固后检测与验收阶段监理控制要点

1.质量检测：对加固完成的构件进行质量检测，包括外观检查、尺寸测量、强度测试、保护层厚度等，确保加固效果符合设计要求。

2.验收程序：参与加固工程的验收工作，确保所有的加固项目均符合设计要求和相关标准，提供验收合格证明文件。

二、外包型钢加固

该加固方法可以在不增大构件截面尺寸的情况下提高其承载力，增大延性和刚度。通常采用型钢或钢板外包在原构件表面四角或两侧，并在混凝土构件表面与外包钢缝隙间注胶，同时利用横向缀板作为连接件，以提高加固后构件的整体受力性能。

（一）材料质量监理控制要点

1.钢材质量：使用的钢材应符合设计要求，具有合格证明文件，对进场的钢材进行抽样检测，检查其力学性能、化学成分等是否符合标准。

2.焊接材料：选用符合标准的焊接材料，确保其质量可靠。对焊接材料进行验收，检查其合格证明文件、生产日期等。

3.注胶材料

1）选用的注胶材料必须符合国家相关标准，具有合格证明文件。

2）注胶材料在存储、运输过程中应保持干燥、清洁，防止受潮、污染。

3）在使用前，应对注胶材料进行质量抽检，确保其性能指标满足设计和规范要求。

（二）施工过程监理控制要点

1.放线定位：根据设计图纸进行准确的放线定位，确保型钢的布置位置和尺寸满足设计要求。

2.型钢加工和安装：型钢加工制作质量应满足现行规范要求，同时，型钢的安装位置、尺寸、数量等应满足设计要求。

3.焊接工艺：监督角钢与缀板的焊接过程，确保焊接质量符合设计要求。

4.注胶质量控制

1）监理人员应对注胶过程进行全程监控，确保注胶工艺的正确执行。

2）监控过程中，如发现注胶工艺存在问题或注胶质量不达标，应立即要求停工整改。

3）注胶完成后，应进行质量评估，评估内容包括注胶饱满度、注胶均匀性、注胶质量等。

4）评估结果应与设计要求进行对比，确保加固效果满足使用要求。

5.验收检测

在加固工程完成后，进行验收检测。检测内容严格按照《建筑结构加固工程施工质量验收规范》GB 50550—2010执行，对注胶饱满度进行检测，检测方法可采用观察、敲击、超声波检测等多种手段，以确保加固工程满足设计要求。

6.安全控制

1）现场安全：监督现场安全措施的落实，确保施工人员遵守安全规定。对现场进行安全检查，及时发现和消除安全隐患。

2）防火措施：在焊接过程中，须采取必要的防火措施，防止火灾事故的发生。

三、外粘钢板加固

粘钢加固亦称粘贴钢板加固，是将钢板采用高性能的环氧类胶粘剂粘结于混凝土构件的表面，使钢板与混凝土形成统一的整体，利用钢板良好的抗拉强度达到增强构件承载能力及刚度的目的。

（一）材料质量监理控制要点

1.钢板检查：确保使用的钢板符合设计要求，无锈蚀、无损伤，厚度、宽度和长度均符合规范标准。

2.黏合剂质量控制：黏合剂应具有良好的粘结强度、耐老化性能和耐水性能。有合格的质量证明文件。

3.锚栓质量控制：结构加固用的特殊倒锥形锚栓，应按工程用量一次进场到位。进场时，应对其品种、型号、规格、中文标志和包装、出厂检验合格报告等进行检查，并应对锚栓钢材受拉性能指标进行见证取样复验。

（二）施工过程监理质量控制要点

1.表面处理：确保被加固结构表面清洁、干燥、无油污、无锈迹，原混凝土截面的棱角应进行圆化打磨，圆化半径应不小于20mm，磨圆的混凝土表面应无松动的骨料和粉尘，以提高黏合剂的粘结效果。

2.钢板粘贴：钢板应平整地粘贴在结构表面，不得有气泡、褶皱或翘起。粘贴过程中，要注意保持钢板与结构表面的密合度。

3.加压固定：粘贴后，应立即使用夹具或压力辊轮对钢板进行加压固定，以确保钢板与结构表面充分接触并排出空气。

4. 固化养护：在黏合剂固化期间，应对加固部位进行保护，防止水分、灰尘和其他污染物侵入。同时，要按照黏合剂的要求进行养护，确保黏合剂完全固化。

（三）质量检测与验收监理控制要点

1. 外观检查：检查加固部位是否平整、无气泡、无皱褶、无翘起等现象。

2. 粘结强度检测：采用钢标准块检测钢板与结构之间的粘结强度，确保满足设计要求。

3. 无损检测：检测方法可采用观察、敲击、超声波检测等无损检测方法检查钢板与结构之间的粘结质量，确保无空洞、无脱粘等现象。

四、外粘纤维复合材料加固

粘贴碳纤维片材料加固是采用高性能树脂类粘结材料将碳纤维材料粘贴在建筑结构构件表面，使两者共同工作，提高构件的承载能力，以达到对结构和构件加固补强的目的。

（一）材料质量监理控制要点

1. 纤维复合材料的质量控制：监理人员应对进场的纤维复合材料进行复验，确保其符合设计要求和相关标准。重点检查材料的强度、韧性、耐久性等指标，确保材料质量可靠。

2. 辅助材料的质量控制：对于辅助材料如浸渍胶、胶粘剂等，监理人员同样需要进行质量检查，确保其满足设计要求。

（二）施工工艺监理控制要点

1. 表面处理：监理人员应确保施工表面平整、干燥、无油污，原混凝土截面的棱角应进行圆化打磨，圆化半径应不小于20mm，磨圆的混凝土表面应无松动的骨料和粉尘，以便于纤维复合材料的粘贴。若表面存在缺陷，需进行预处理，确保粘贴效果。

2. 粘贴工艺：监理人员应监督施工人员按照设计要求进行粘贴，确保纤维复合材料与基材紧密贴合，无气泡、褶皱等现象。

3. 固化处理：监理人员应督促施工单位人员按照规定的固化时间和温度进行固化处理，确保纤维复合材料与基材完全固化，形成整体结构。

（三）施工质量控制

1. 施工过程监督：监理人员应对施工过程进行全程监督，确保施工符合设计要求和相关标准。

2. 施工记录：监理人员应督促施工人员做好施工记录，包括材料使用、施工工艺参数等，以便于后期质量追溯。

3. 质量检测：监理人员应组织对加固工程进行质量检测。对于检测结果不符合要求的部位，应要求施工单位进行整改或返工处理。

4. 防护涂层：根据设计要求，在加固表面涂覆防护涂层，提高结构的耐久性和防腐蚀能力。

五、监理工作成效

随着建筑行业的快速发展，加固工程作为保障建筑物安全稳定的重要环节，越来越受到人们的关注。为了确保加固工程的质量与安全，监理工作的重要性不言而喻。

（一）提高工程质量

通过监理工作的全程监督，能够及时发现和纠正施工过程中存在的问题，确保加固工程的质量。通过有效的质量监理工作，加固工程能够取得显著的成效。具体表现在以下几个方面：

1. 提升加固工程质量：质量监理工作能够及时发现并纠正施工过程中的问题，确保加固工程符合设计要求和相关标准，从而提升加固工程的质量。

2. 保证工程安全性：有效的质量监理能够确保加固工程达到预期的加固效果，提高结构的安全性和承载能力，保障人民群众的生命财产安全。

3. 促进施工单位提升水平：质量监理工作能够促进施工单位提升施工工艺和管理水平，推动整个加固工程行业的健康发展。

4. 降低维护成本：高质量的加固工程能够延长结构的使用寿命，减少后续的维护和修复成本，为社会节约资源。

（二）保障工程安全

在加固工程安全监理工作中，监理人员严格按照相关标准和规范进行监督检查，及时发现和处理工程中的安全隐患。同时，还积极与施工单位沟通协作，共同解决工程中出现的问题，确保了加固工程的安全，使项目伤亡事故为零，这得益于安全监理工作的有效开展。

（三）促进工程进度

通过有效的进度监理工作，加固工程在施工过程中能够及时发现和解决问题，避免因问题导致的工期延误。同时，监理工作还能够与业主、施工单位、设计单位等各方沟通协调，增强双方的合作意识，共同推动工程的顺利进行。

（四）降低工程成本

通过监理工作的有效监督和管理，能够避免施工过程中出现不必要的浪费和损失，降低工程成本。此外，监理工作还能够对材料和设备进行检查，避免使用不合格产品，从而减少后期维修和更换的费用。

浅谈高支模安全管理的监理工作

李少坡

山西神剑建设监理有限公司

> **摘　要**：危险性较大的分部分项工程是指房屋建筑和市政基础设施工程在施工过程中，容易导致人员群死群伤或者造成重大经济损失的分部分项工程。某项目隧道工程结构模板支撑体系厚度达1400mm，属于超过一定规模的危险性较大的分部分项工程，模板支撑系统的安全管理是该项目安全管理工作的重点之一。
>
> **关键词**：危大工程；高支模；安全管理

一、工程概况

某项目隧道工程结构模板支撑高度5.7m，跨度 2.75m，顶板厚度均为1.4m，钢筋混凝土自重达 $35kN/m^2$。

依据2018年3月8日中华人民共和国住房和城乡建设部令第37号发布的《危险性较大的分部分项工程安全管理规定》和《住房城乡建设部办公厅关于实施〈危险性较大的分部分项工程安全管理规定〉有关问题的通知》（建办质〔2018〕31号），混凝土模板工程及支撑体系，搭设高度5m及以上，或搭设跨度10m及以上，或施工总荷载 $10kN/m^2$ 及以上，属于危险性较大的分部分项工程；搭设高度8m及以上，或搭设跨度18m及以上，或施工总荷载（设计值） $15kN/m^2$ 及以上，属于超过一定规模的危险性较大的分部分项工程范围。因此本工程模板支撑系统属于超过一定规模的危险性较大的分部分项工程范围。

二、安全管理

（一）审核施工单位报送的专项施工方案

依据《危险性较大的分部分项工程安全管理规定》（住房和城乡建设部令第37号）第三章要求，施工单位应当在危险性较大的分部分项工程（以下简称"危大工程"）施工前组织工程技术人员编制专项施工方案。对于超过一定规模的危大工程，施工单位应当组织召开专家论证会对专项施工方案进行论证。专家论证前专项施工方案应当通过施工单位审核和总监理工程师审查。

本项目实施前，施工单位组织相关人员编写了《隧道模板工程及支撑体系安全专项施工方案》，并经各专家论证。从以下几方面对专项施工方案进行审核：

1.审核编制审批程序

专项施工方案由项目技术负责人组织编制，由施工单位物资部、安全质量生态环境部审核，并经总工程师审批后，报送项目监理部进行审核。审核审批程序符合要求。

2.审核专项施工方案内容

依据《住房城乡建设部办公厅关于实施〈危险性较大的分部分项工程安全管理规定〉有关问题的通知》（建办质〔2018〕31号），危大工程专项施工方案的主要内容应当包括：①工程概况：危大工程概况和特点、施工平面布置、施工要求和技术保证条件；②编制依据：相关法律、法规、规范性文件、标准、规范及施工图设计文件、施工组织设计等；③施工计划：包括施工进度计划、材料与设备计划；④施工工艺技术：技术参数、工艺流程、施工方法、操作要求、检查要求等；⑤施工安全保证措施：组织保障措施、技术措施、监测监控措施等；⑥施工管理及作业人员配备和分工：施工管理人员、专职安全生产管理人员、特种作业人员、其他作业人员等；⑦验收要求：验收标准、验收程序、验收内容、验收人员等；⑧应急处置措施；⑨计算书及相关施工图纸。

经审核，本项目专项施工方案包含以下内容：①工程概况；②编制依据、原则；③安全组织机构；④施工计划安排；⑤施工准备；⑥施工工艺；⑦检测、监测措施；⑧施工安全保证措施；⑨文明施工保证措施；⑩施工进度保证措施；⑪质量管理与保证措施；⑫夏季和雨期施工；⑬应急预案与风险应对措施；⑭支撑系统相关计算。

本项目专项施工方案中验收要求虽没有单独列出，但在"质量管理与保证措施"章节中，列出"原材料、半成品、成品采购及验收制度"。故专项施工方案的内容完整齐全。

3.审核计算书内容

（1）审核荷载项目及取值

模板及其支架计算荷载模板自重标准值 $0.5kN/m^3$，混凝土自重标准值 $24kN/m^3$，钢筋自重标准值 $1.1kN/m^3$，施工人员及设备产生的荷载标准值 $3kN/m^2$，泵送、倾倒混凝土等因素产生的水平荷载标准值 $0.713kN/m^2$，其他附加水平荷载标准值 $0.55kN/m^2$，风荷载标准值 $0.12524kN/m^2$。

依据《建筑施工模板安全技术规范》JGJ 162—2008 第 4 章相关条款，荷载取值符合要求。

（2）审核计算结果

面板采用覆面木胶合板，18mm厚，按简支梁计算，跨度250mm，其强度和挠度计算满足要求。

小梁采用矩形钢管70mm×50mm×3mm，按三等跨连续梁计算，跨度900mm，其强度和挠度、抗剪强度计算满足要求。

主梁采用10号槽钢，按三等跨连续梁计算，跨度900mm，其强度和挠度、抗剪强度计算满足要求。

可调托座承载力计算：可调托座受力 $N=46.86kN$，小于可调托座承载力容许值 $N=50kN$，满足要求。

立杆计算：立杆采用 $\Phi48\times3.2$ 钢管，材质 Q345，按 $\Phi48\times3$ 计算，其长细比、立杆稳定性、立杆强度等符合规范要求。

架体高宽比为 0.447，小于规范允许值。

架体抗倾覆：倾覆力矩小于抗倾覆力矩。

立杆基础：立杆位于基础底板混凝土之上，且混凝土已达到设计强度。立杆基础符合要求。

4.审核构造措施做法

模板支撑体系采用承插盘扣式钢管支架，立杆纵、横向间距均为900mm，斜托处横向间距为600mm、纵向间距为900mm，水平横纵向步杆间距1500mm。顶板底采用可调托座，底板顶采用可调底座和调节基座，进行支架高度调整。立杆连接套管采用无缝钢管套管，无缝钢管套管形式的立杆连接长度不小于160mm，可插入长度不小于110mm，套管内径与立杆钢管外径间隙不应大于2mm。支架架体四周外立面向内的第1跨每层均应设置竖向斜杆，架体整体底层及顶层均设置竖向斜杆，并在架体内部区域每隔5跨由底至顶在纵、横向采用扣件钢管搭设剪刀撑，剪刀撑与地面呈45°~60°，搭接长度不小于1m，且不少于3个转角扣件，斜托两端采用扣件钢管与盘口立杆进行连接。可调托座下每跨设置斜杆，可调底座下每隔1跨设置斜杆，水平扫地杆与底板顶距离为350mm，模板支架可调底座丝杆外露长度不大于300mm，模板支架可调托座伸出顶层水平杆的悬臂长度严禁超过650mm，且丝杆外露长度严禁超过400mm，可调托座插入立杆的长度不得小于150mm。

依据《建筑施工承插型盘扣式钢管脚手架安全技术标准》JGJ/T 231—2021 中相关要求进行核对检查，没有违反标准要求。

（二）参与专家论证会

项目总监理工程师及专业监理工程师参加由施工单位组织的专项施工方案专家论证会。论证专家共5人，均持有相关部门颁发的专家证书，且专业符合。

（三）编制模板支撑系统监理实施细则

高支模施工前，由专业监理工程师编制《模板支撑系统监理实施细则》，经总监理工程师审批，并向监理人员进行安全技术交底。监理实施细则包括下列主要内容：专业工程特点、监理工作流程、监理工作要点、监理工作方法及措施。

（四）监督施工单位按照专项施工方案搭设支撑系统

专项施工方案审核审批通过后，必须严格执行，按方案要求搭设模板支撑架体，监理人员应按规定巡视检查，巡视检查的重点是立杆垫板设置、立杆间距、水平杆步距、可调托座及可调底座的设置、立杆上端自由端长度、水平剪刀撑和竖向剪刀撑设置、架体斜杆设置、顶托内小梁是否位于立杆中心等。尤其是上下加腋部分的立杆底部和顶部的做法,更要认真检查。

架子工及建筑电工属于特种作业人员,必须持有建设行业行政主管部门颁发的特种作业人员操作资格证。监理人员应检查架子工的特种作业人员持证上岗情况,并核对证书的真伪及有效期。

(五)对模板支撑系统进行预压

模板支撑体系专项施工方案确定后,施工单位技术负责人提出对支撑系统依据《钢管满堂支架预压技术规程》JGJ/T 194—2009进行预压,并编制《隧道预压施工方案》,报送项目监理部审核。项目监理部组织专业监理工程师学习《钢管满堂支架预压技术规程》JGJ/T 194—2009,并根据规程要求审核预压方案。

1. 基础预压

因支撑系统立杆基础位于已浇筑的混凝土基础底板上,且混凝土龄期超过28天,已达到设计强度,因此不需对基础进行预压。

2. 支架预压

(1)预压区域由业主方、施工方及监理方共同选定,选取模板支架中心区域6m×11m范围进行预压。

(2)设置监测点25个,5行5列在预压区域内均匀布置。

(3)预压荷载:选取混凝土恒载和模板重量之和的1.1倍,取值270T,满足要求。

(4)预压加载:采用堆载钢筋的形式,在预压区域内均匀堆放钢筋原材。顺隧道纵向对称加载,逐渐向纵向中心线加载,并与顶板混凝土浇筑顺序一致。

(5)加载方法:采用三级加载,依次加载预压荷载值的60%、80%、100%;每级加载完成后停止加载,并每间隔12h对支架沉降量进行一次监测。当支架监测点12h沉降量平均值小于2mm时,方可进行下一级加载。

(6)预压监测:采用水准仪,水准仪应按现行行业标准《水准仪检定规程》JJG 425—2003进行检定,预压监测采用三等水准测量要求作业。过程监测包括:每级加载后监测点标高;加载至100%后每间隔24h监测点标高;卸载6h后监测点标高。

(7)预压荷载卸载:在全部加载完成后的预压监测过程中,当满足以下条件之一时,应判定支架预压合格:各监测点最初24h的沉降量平均值小于1mm;各监测点最初72h的沉降量平均值小于5mm。

(8)预压卸载遵循后加载先卸、先加载后卸,并应对称、均衡、同步卸载。

(9)加强预压堆载钢筋运输及吊装过程安全管理、作业人员高处作业的安全管理等。

(六)对模板支撑系统进行验收

按照《建筑施工承插型盘扣式钢管脚手架安全技术标准》JGJ/T 231—2021要求,对进场的钢管及支架构配件进行验收,主要检查其产品合格证书;搭设完成后按照专项施工方案要求,对立杆间水平杆步距、立杆接长位置、竖向及水平剪刀撑设置、可调托座及可调底座丝杆外露长度、可调托座伸出顶层水平杆的悬臂长度等进行验收;浇筑混凝土前再次组织相关人员进行检查。并在施工现场明显位置设置验收标识牌,公示验收时间及责任人员。

(七)混凝土浇筑过程中进行旁站监理

混凝土浇筑过程中,安排监理人员进行旁站监理,除控制混凝土质量外,对混凝土浇筑顺序进行监理。必须按照预压方案的顺序进行混凝土浇筑。即沿隧道两侧纵向对称加载,逐渐向纵向中心线方向浇筑。

(八)加强档案管理

将监理实施细则、专项施工方案审查、专项巡视检查、验收及整改等资料及时收集并归入危大工程安全管理档案。

三、经验总结

1. 危大工程,尤其是超过一定规模的危大工程,必须严格按照《危险性较大的分部分项工程安全管理规定》(住房和城乡建设部令第37号)、《住房城乡建设部办公厅关于实施〈危险性较大的分部分项工程安全管理规定〉有关问题的通知》(建办质〔2018〕31号)和《山西省住房和城乡建设厅关于印发〈危险性较大的分部分项工程安全管理实施细则〉的通知》(晋建质字〔2019〕156号)要求的程序和内容进行安全管理,该做的事情做到位、做到的事情记录齐全,采用口头或电话、微信方式进行沟通时,必须及时补充书面资料。安全资料做到与工程同步。

2. 必须严格执行专项施工方案,切不可施工现场与方案脱节,方案应付检查、现场凭经验施工。通过学习安全事故的调查报告,可知发生安全事故的基本都有未按专项施工方案施工的因素。

3. 施工人员安全教育培训到位，且必须本人签字。不可流于形式，为应付检查而代签名，否则，一旦发生安全事故，可能会给施工单位带来很多麻烦。

参考文献和资料

[1] 建设工程监理规范：GB/T 50319—2013[S]. 北京：中国建筑工业出版社，2014.
[2] 建筑施工承插型盘扣式钢管脚手架安全技术标准：JGJ/T 231—2021[S]. 北京：中国建筑工业出版社，2021.
[3] 建筑施工模板安全技术规范：JGJ 162—2008[S]. 北京：中国建筑工业出版社，2008.
[4] 钢管满堂支架预压技术规程：JGJ/T 194—2009[S]. 北京：中国建筑工业出版社，2009.
[5] 危险性较大的分部分项工程安全管理规定. 住房和城乡建设部令第37号.
[6] 住房城乡建设部办公厅关于实施《危险性较大的分部分项工程安全管理规定》有关问题的通知. 建办质〔2018〕31号.
[7] 山西省住房和城乡建设厅关于印发《危险性较大的分部分项工程安全管理实施细则》的通知. 晋建质字〔2019〕156号.
[8] 隧道模板工程及支撑体系安全专项施工方案.
[9] 隧道模板支撑体系预压施工方案.

建筑工程施工中的边坡支护技术研究

刘雪飞

云南城市建设工程咨询有限公司

摘 要：社会经济的快速发展，科学有效地提升了建筑工程的施工质量，在建筑工程中，边坡支护是最主要的内容之一，如何能快速提升边坡施工的效率，还能保证施工的安全性成为施工重点，通过支护技术的合理引进，能够有效解决边坡施工的效率问题，同时为边坡施工提供安全保障。鉴于此，本文对建筑工程施工中边坡支护技术的常见类型进行分析，探讨建筑工程边坡支护技术的应用措施。

关键词：建筑工程；施工技术；边坡支护技术

随着城市化进程的不断加快，建筑工程施工在我国得到了广泛的应用。在施工过程中，边坡是一种常见的结构。由于边坡的施工通常在地质复杂的地区进行，故其在施工中往往会面临很多不确定性因素，同时也会产生相关的风险和问题。因此，在建筑工程施工中，边坡支护方式的选择和设计显得尤为重要，其对工程质量的提升具有非常重要的作用。

一、建筑工程中边坡支护技术概述

支挡结构和坡面是建筑工程中边坡支护技术的最典型的防护类型。合理应用边坡支护技术可以有效减轻影响建筑工程施工的不利因素。如果施工地点并不是预期中的理想土质，那么土面就极易在后续的施工过程中发生坍塌，进而造成重大事故，这不但对建筑工程项目中施工人员的安全产生威胁，还会增加施工企业的资源损失。此外，如果遇到自然灾害等天气，将会直接影响建筑工程的施工效率和施工质量。随着时代的迅速发展，建筑工程技术不断提高，在安全隐患的防治上有了很大进步，通常情况下，少有安全事故的发生，进而提升了施工进度。

二、建筑工程施工中边坡支护技术常见类型

（一）地下连续墙支护

在建筑工程施工中，地下连续墙是一种非常重要的技术措施，具有刚度大、止水效果好的优点，缺点是造价高，施工需要专用设备；适用于地质条件差和复杂、基坑深度大、对周边环境要求较高的基坑（图1）。

应用原理如下：首先要求施工技术人员挖出一条符合施工设计方案的沟槽，然后将钢筋墙网放入，将混凝土注入沟道中，通过注入的物料，在建筑工程的局部区域形成一道牢固的、连续的墙壁，起到稳定的支撑作用，同时地下连续墙还可以起到一定的防洪灾作用。利用地下连续墙支护技术，既可以增强建筑工

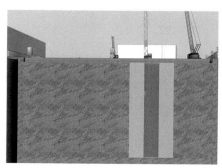

图1 地下连续墙支护示意图

程结构的稳定性，又可以增强建筑工程的抗洪灾能力。近年来，在我国一些洪水多发区域开展工程项目建设的过程中普遍采用了地下连续墙施工工艺，该工艺的应用不仅具有较好的支护能力，同时也不会对地下管线的建设工作产生影响。将该边坡支护工艺应用于地质条件比较复杂的区域可显著减少对周边环境产生的影响。除此之外，在开展地下连续墙支护作业的过程中，为降低工程项目施工成本，可在施工前期完善施工方案，最大限度利用地下连续墙支护结构。

（二）悬臂式地基边坡支护技术

在建筑工程施工过程中，悬臂式地基边坡支护技术操作起来相对简单易懂，其稳定性也是很强的（图2）。悬臂式围护结构适用于土质较好、开挖深度较浅的基坑工程。

悬臂式支护结构顶部位移较大，内力分布不理想，但可省去锚杆和支撑，当基坑较浅且基坑周边环境对支护结构位移的限制不严格时，可采用悬臂式支护结构。悬臂式支护结构可以采用不同的挡土结构，主要有排桩、钢板桩、SMW工法桩。但是在施工过程中会存在一定的局限性，大部分应用于地质较好的土地开发项目中，在悬臂式地基边坡支护技术应用之前，需要对其周边的地质环境进行勘察分析，确定周边环境适合应用该技术，才能开始施工。在确保时间和效果的同时，既能节约成本，又能提升其主体结构的稳定性。

（三）加筋土挡土施工技术

在建筑工程施工中，加筋土挡土施工技术是一种重要的措施，一般应用于地形较为平坦且宽敞的填方路段，在挖方路段或地形陡峭的山坡，由于不利于布置拉筋，一般不宜使用。

加筋土挡土施工技术实质上就是将土、筋带、面板作为主要填充材料，将三种材料进行有效结合，制造出复合型的支挡结构，然后将拉结筋在土质内部进行均匀布置的技术（图3），该技术关键点是通过土体与拉结筋产生摩擦作用，使土体整体强度得到有效增强。加筋土挡土施工技术在应用过程中具有很多优势，首先，该技术操作简单，对填充材料需求量非常少，对现场施工场地使用面积要求小，在一定程度上减少了成本投入。其次，该技术不需要具有很强地基承载力，由于加筋土挡土墙抗震性能非常高，该技术也可应用到大型路堤墙施工工程中。最后，需要对整个加筋土挡土墙施工过程和填充材料质量进行严格要求，确保填充材料与拉结筋之间相互作用，使边坡支护能力充分发挥出来。

（四）逆作拱墙施工要点

逆作拱墙结构是将基坑开挖成圆形、椭圆形等弧形平面（图4），并沿基坑侧壁分层逆作钢筋混凝土拱墙，利用拱的作用将垂直于墙体的土压力转化为拱墙内的切向力，以充分利用墙体混凝土的受压强度。墙体内力主要为压应力，因此墙体可做得较薄，多数情况下不用锚杆或内支撑就可以满足强度和稳定的要求。逆作拱墙适用于拱墙轴线的矢跨比不宜小于1/8，基坑深不宜大于12m的基坑支护。

为保证逆作拱墙施工工艺得到良好应用，在具体施工环节，施工人员需要根据建筑项目所在区域的具体情况，认真按照有关施工图纸开展施工作业。因为逆作拱墙支护原理较为简单，主要是利用墙体自身压应力，进而取得较好支护施工效果；因此，在实际施工之前，要求施工人员对建筑工程基坑四周地质条件与荷载的具体分布进行有效调查，通过进行科学的应力分析与计算之后，方可开展后续的设计与施工。除此之外，针对逆作拱墙设计，主要是有效建立拱墙，运用拱形力学特点，将基坑土压力快速转换为墙体实际压应力。此种类型的拱墙主要分为两种施工方法，分别是局部封堵方法与全局封堵方法，在建筑

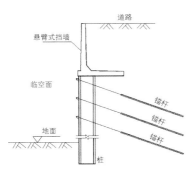

图2 悬臂式地基边坡支护示意图

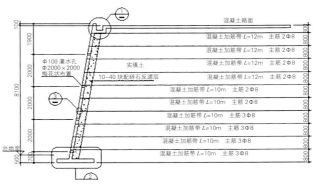

图3 加筋土挡土施工技术示意图

图4 逆作拱墙施工图

工程项目基坑施工环节,要求施工技术人员深入施工场地内部,采取合理的施工工艺。

(五)边坡支护桩施工技术

在建筑工程建设施工的过程中,支护桩是一种最为常用的边坡支护技术(图5),该技术稳定性极强,成本较高,但其效果十分安全、高效,适用范围广泛,常用于基坑深度大的情况,比如商品房地下室的施工建设。

图5 边坡支护桩施工图

该技术对其操作方法的要求较高,有很多的技术要点,在施工过程中,首先需要对支护范围进行地质勘查,然后钻孔成孔,对成孔部位放入钢筋笼浇筑混凝土;随后进行冠梁、腰梁、锚索、土钉墙、喷锚施工。在施工期间,必须对边坡支护进行检查,确保充分满足施工条件之后,随着工艺进行土方的分层开挖。

三、建筑工程施工中的边坡支护技术措施

(一)做好前期勘察

在建筑工程的边坡支护施工之前,需要严格遵循相关标准规范,做好施工现场的勘察调研工作。可以根据自身经验,或者参考以往的施工资料,进行施工现场地质地形、气候水文、土壤等资料的搜集,进行边坡支护技术的选择,做好施工规划工作。同时,还要做好周边环境的调研,以及寻求其他部门的帮助,了解地下管线、周边交通等情况,然后采用适宜、高效的施工技术与方法,才能保证质量与安全,节约更多的资金资源。

(二)边坡开挖

在工程项目施工过程中,边坡支护施工属于危大工程,应按照《危险性较大的分部分项工程安全管理规定》(住房和城乡建设部令第37号)的要求,进行严格管理。在边坡开挖过程中,可采取分段分层开挖法,各层厚度为1.5~2m,各段长度为15~20m。在建筑工程建设中,应加强现场监督,严格按照规范要求进行施工,确保边坡开挖和边坡支护等工作的顺利进行。在边坡开挖时,必须确保上部结构面浆强度达到设计要求,才能进行下一步的施工。基坑施工是一项重要的有风险的工程,施工期间必须有专业的施工监理人员在施工过程中进行监督和指导,以防施工中出现超挖、漏挖等问题。同时,在边坡处留出30cm的空隙,采用人工的方式进行修整。此外,还要重视边坡的坡度和平整度,为以后的边坡支护打下坚实的基础。

(三)完善现场审查工作

为了提高建筑工程边坡施工的质量,有必要更好地监控和管理边坡支护。施工经理需要充分了解每一个施工过程,不断完善施工工艺,保证施工过程按计划进行。同时,在边坡支护施工过程中,要设立专门的监管人员,落实责任制,确保各部门各司其职,避免监管过程中出现不当行为,防止出现责任分担的问题。由于建筑行业经常发生突发事件,因此有必要加强施工监管,及时发现问题,并在短时间内解决问题,使施工有序进行。

结语

综上所述,边坡支护是建筑工程建设中的一个重要环节。边坡支护的施工质量是影响工程质量与安全的重要因素。因此,在边坡支护施工中,必须充分考虑边坡支护的重要性,结合实际情况加强支护方案编制,做好现场勘察与后期维护等工作,提高建筑基坑作业水平。

参考文献

[1] 朱铁增,崔成男.边坡支护技术在建筑工程施工中的具体运用[J].工业建筑,2021(12):199.
[2] 李淑敏.建筑工程施工中的边坡支护技术探讨[J].现代商贸工业,2021(33):163-164.
[3] 魏巍.建筑工程施工中边坡支护技术的运用[J].城市建设理论研究(电子版),2019(24):53.

超长距离管状皮带施工监理技术的应用

安小康　郭佳佳

河南兴平工程管理有限公司

摘　要：超长距离管状皮带运输系统安装工程具有施工距离长、专业性强、工程量大、安装复杂等特点，工程质量直接影响到施工进度、设备运转的稳定性和可靠性，而监理工作的好坏直接关系到工程质量；因此，加强超长距离管状皮带工程监理，对每一道工序进行有效监控，对确保设备安装工程质量具有重大意义。

关键词：管状皮带；工程监理；超长距离；质量管理；控制

引言

管状皮带是在普通输送机的基础上发展起来的，作为一种新型的物料运输系统，具有环保节能性好、输送能力大、输送线可沿空间曲线灵活布置、可封闭运输、自动化程度高等特点，特别适用于输送路由复杂、野外长距离运输等环境。管状皮带将是未来物料输送的首选方案，并被广泛应用，其施工安装管理起非常关键的作用，若安装技术与方法不当，将无法实现设计性能和使用功能。目前，随着输送技术的不断改进，拓展了超长距离管状皮带的使用范围，解决了许多现实难题，但也给监理工作提出了更高的要求。

一、工程监理概述

（一）工程监理意义

工程监理在工程建设项目中，按照基本建设程序，对工程建设实施各阶段"投资、进度、质量"三大目标进行严密的监控，约束工程建设各个环节的随意性，加强对工程建设过程的有效控制。因此，加强超长距离管状皮带安装工程监理，对每一道工序进行有效监控，对确保设备安装工程质量具有重大意义。

（二）监理工作特点

1）超长距离管状皮带运输系统安装工程具有施工距离长、专业性强、工程量大、安装复杂等特点，工程质量直接影响到施工进度、设备运转的稳定性和可靠性；在监理工作中采取措施，保障超长距离管状皮带的施工质量、进度、投资，是监理工作面临的新课题。

2）超长距离管状皮带运输系统设备的加工人员、使用的机器设备和材料、制造工艺、组装方法、环境等因素会直接导致设备质量波动；设备监理工程师利用信息管理及质量控制中的技术和组织措施，保证超长距离管状皮带运输系统材料和设备的质量。

3）超长距离管状皮带运输系统施工中会遇到来自各方的干扰，监理工程师的决定涉及企业和承包商双方的利益，要求监理工程师不仅要坚持原则，还要讲究工作的方式方法，即在有原则性的基础上又有艺术性，通过监理工作的组织协调措施保证项目平稳进行。

二、安装工程监理工作重点

（一）进度控制

1）总进度计划的分解。对施工单位在施设中的总进度计划进行分解，时间上分解到月、周、日，细节上分解到托辊组数、管状皮带长度上，报日报表，每周由总监召开工地例会，分析计划完成情况。

2）及时整理施工原始记录和进行

数据分析。要求施工单位认真填写原始记录，根据原始记录，统计分析出工序用时，求出各工序时间占全部管状皮带施工段时间的百分比，即可判断各施工段进度是否正常。

3）合理安排施工顺序。常规安排，一般是先整体安装主体钢结构、后安装托辊组、管状皮带等，但是存在一定的问题：由于是空中皮带廊，钢柱、桁架等主体结构完成后才能安装驱动装置、槽型托辊组、胶带等，不能充分利用管带机长距离输送及工作面充足的优势。合理顺序是，根据长距离工作面特点，将全程管状支带安装工程分为4~5个施工段，组织流水施工，前一段钢结构工程完成后可以进行下个施工段钢结构施工，专业施工人员能够不间断施工，而且前一段的管状皮带施工人员可以提前进场施工，不用等到全部的钢结构完成后再进场。这样可以有效减少上个专业施工的影响，基本上可以做到同一时期不同施工段上有不同专业施工队伍在施工，一般能节约20~30天。

4）选择合理的吊装机械及电焊设备，合理保养好各种机械设备，避免机械设备出现故障，造成施工延误。

（二）质量控制

监理工作坚持"一条原则、二个重点、三个阶段、四个手段"的控制方法。

1）一条原则：皮带机敷设质量控制是整个监理工作的重点，与进度和投资控制相比，应放到第一位，只有质量符合要求才能谈得上进度和投资控制。

2）二个重点：机架及各组件的安装和皮带部分安装是两个控制重点。一是管式皮带机是将皮带卷成管状在机架中运行的。机架在吊装前，为考虑各托辊组的安装方便，应在地面就将托辊组安装在各机架内，并视现场安装方便与否，将各驱动滚筒、改向滚筒等提前安装到位。各准备工作完成后，即进行机架的吊装。吊装就位后，在紧固时，切记要保证各节机架在连接处的顺直和圆滑过渡，这里可以通过机架与支撑连接时的U形孔来调整两者之间的相对位置。二是最后工序是皮带部分的安装。一般来说，皮带机敷设安装是管式皮带机安装过程中最为困难和重要的部分，如安装质量欠佳，会导致后续使用过程中的皮带跑偏。由于管式皮带机输送距离一般达几千米，而每节皮带出厂时的长度只有三五百米，因此，在安装皮带时，实际进行的是边敷设边硫化的过程。根据经验，一般应在管带机尾部安装硫化机，从上行皮带开始安装，再根据皮带的重量情况，在合适的距离位置安装固定卷扬机，做皮带的牵引装置。每拉完一节，将该节皮带的尾部和下节皮带的头部硫化好后，再进行牵引，直至将回程皮带最终敷设到位，并固定好。在牵引过程中，要注意使用专业的工具对皮带进行固定，尽量避免在使用的过程中出现松动以及滑落的现象。

3）三个阶段。一是施工准备阶段：审查"施设"，检查人、财、物配备情况，检查原材料质量及质量管理体系是否有效运行，决定同意开钻与否。二是施工阶段：加大巡视密度和旁站监理力度，严格检查工序施工质量，坚持上一道工序不合格不得进入下一道工序施工。三是皮带验收阶段：认真审查验收资料，对照成果和原始记录是否一致，每拉完一节，查看皮带硫化质量，将该节皮带的尾部和下节皮带的头部硫化好后，再进行牵引，直至将回程皮带最终敷设到位，并固定好。

4）四个手段：重要工序旁站监理（吊装、皮带硫化）、实测实量（机架中心线、滚筒轴线、输送机中心线、输送机加速度、滑动轴承温度、滚动轴承温度等）、检验与试验（焊缝探伤、硫化接头试验等）、发出监理指令（口头通知、监理通知、监理例会、联合通知）等。

（三）投资控制

长距离管带机工程款支付方式有一定的复杂性，有两种常用付款方式：一是按工程节点付款，即按土建工程、设备皮带安装工程、联合试运转三阶段付款，每完成一阶段工程，结算相应阶段费用，难点在同一阶段的不同施工段施工内容的界定；二是按每月不同施工段且实际安装就位材料计算和支付费用，这对业主十分有利。由于长距离管带机费用的支付和施工段、工程节点有关，若站在不同的角度，哪种支付方式都有利有弊，为此，监理应根据具体情况，结合合同规定，本着有利于工程施工与管理的原则，制定出工程节点和施工段相结合的方式控制工程投资，既能促进工程进度，又能保证施工单位及时收到工程款，是甲、乙双方较为满意的付款方式。

（四）信息管理

由于该工程输送系统距离长，一旦测量放线或安装失误将严重影响输送系统的正常运行，需认真做好水准点和基准线的复核工作。各监理工程师要对安装单位报送的测量放线数据进行认真审查，并由监理公司测量专业监理工程师进行复核。还要严把分部分项工程验收关。只有在上道工序验收合格后，才能进行下道工序的安装工作。对预埋件、设备机架的安装、输送带胶结接头等关键工序要进行旁站监理。对其他正在施工的工序进行不定期巡视检查。发现问题及时通知安装单位整改并记录在案，监理人员应做好监理日志工作。设备安装结束后，应按调试大纲要求进行调试。

另外，超长距离管状皮带施工单位要及时收集设计变更信息，随时掌握工程变更基础数据情况，如果有关变更数据超出施工安全规定范围，要采取以下措施进行补救：①及时向有关上级管理部门汇报，了解设计变更意图；②根据设计变更情况，提出此变更会给超长距离管状皮带工程造成不安全隐患和影响；③提出超长距离管状皮带施工单位针对此变更的解决方案和应对措施。

（五）组织协调

超长距离管状皮带安装工程的基本原则是"中心线控制为重点，各部件偏差严格控制原则"，这就要求生产厂家与施工安装单位必须服从监理与业主的协调管理，做到"有令必行、有禁则止"。由于地形和既有建筑物的障碍，全线5.2km，需要精准定位，并且各处的基础形式、结构形式、安装形式均不同，但最终要确保管状皮带的中心在允许偏差范围内，和机头、机尾驱动的中心线一致。超长距离管状皮带施工必须保持测量的高度精准，否则将出现翻带、扭带现象，局部磨损严重，甚至无法运行，并造成质量安全事故等。管带机零部件的编号、种类繁多，必须对号入座，需按批次、顺序进行管理和安装。因为涉及装车、卸车、倒运，过程管理难度大，需专人台账管理。吊装困难，尤其是大件吊装、超高吊装，有障碍物处的吊装，必须根据现场实际情况，编制专项方案，反复论证后方可施行。大型构件较多，根据形式和尺寸以及道路运输等条件因素采用分段或分块制作现场组装的方案。每一段或分块作为一个出厂单元，凡分段或分块制作出厂的构件，在厂内预装，并经过必要加固后才能出厂，对小构件采取包装出厂。

结语

超长距离管状皮带安装工程监理是一项既精密又繁杂的综合性工程，其监理质量直接关系到输送机的使用寿命及企业生产能力的形成。监理工作是管状带式输送机正常运行的一项重要环节，对监理基本工作"三控""三管""一协调"等要领良好的把握，才能使管状带式输送机达到设计性能和使用功能，发挥其最大优越性能。

参考文献

[1] 王云龙,谷显书,邱桃.高压变频器在长距离管状带式输送机中同步与功率分配的应用研究[J].起重运输机械,2020（4）：94-96.

[2] 刘绍慰,陆成骏,盖雪浩,等.超长距离圆管带式输送机安装应用与可靠性研究[J].安装,2022（S01）：248-249.

[3] 王旭光,宁康杰,刘锦,等.长距离管状带式输送机控制系统设计与实现[J].黄河水利职业技术学院学报,2021（2）：49-54.

项目管理与咨询

以策划引领全咨实践，服务医疗建筑有心得
——西安交大附属泾河医院全咨服务阶段性总结

王 欣
西安铁一院工程咨询管理有限公司

摘　要：本文结合西安交通大学附属泾河医院项目全咨阶段性实践，通过对项目特征及特点的分析，提炼和梳理了医疗建筑全咨业务的重难点，提出系统性全咨服务策划方案；结合项目全咨实践，进一步反馈和印证策划方案的适宜性，对实践中的全咨服务成效进行总结，为陕西全咨实践增添新内容，供同行参考。

关键词：全过程工程咨询；策划；实践效果；感悟

引言

全过程工程咨询（以下简称"全咨"）在建设实施阶段，解决了以往咨询业务分散化、碎片化、单一服务综合性差的问题。本文针对医疗建筑，从全咨服务策划入手，总结阶段性成效及感悟。

一、项目概况

西咸新区泾河新城秦创原医疗健康科技产业园一期（又称"西安交通大学附属泾河医院"）项目位于陕西省西咸新区泾河新城崇文一路以东、崇文塔四路以南、崇文环路以西、泾河大道以北区域。项目规划为具有1500张床位的三级甲等医院，占地面积15.98万m², 总建筑面积30.1万m², 其中地下建筑面积11.5万m², 地上建筑面积18.6万m²。

西安交通大学附属泾河医院由西区医院（医疗用房、感染用房、医疗设备用房等）和东区国际医学及科研培训中心（国际医学、科研培训、教学用房、后勤服务等）组成。

建设单位：陕西省西咸新区泾河新城产业发展集团有限公司。

全咨单位：中铁第一勘察设计院集团有限公司和西安铁一院工程咨询管理有限公司（联合体）。

专项医疗咨询单位：北京亚太医院管理咨询股份有限公司。

EPC工程总承包单位：中建三局、中建八局、中铁城建一公司、上海中建建筑设计院（四方联合体）。

二、全咨服务策划方案

（一）项目布局特点

项目核心医疗区集中在西区，西区主体结构呈对称蟹腿状发散布局，中央部分为门诊医技楼，两侧为住院楼，形成以中央综合医院平台为核心的双环路医院动线。

医院按照"大专科、强综合"模式进行学科建设，建设以心脑血管、肿瘤治疗、辅助生殖医学为重点的综合性三甲医院。

从医患流线与整体布局出发，既要

求高质量的设计引领,也需要高品质的建筑成效。

全咨单位依据合同要求,从项目方案设计阶段介入项目,对接西安交通大学院方(使用及营运单位)需求,管控设计过程,追求高品质的施工图纸,提升实施工艺水平,保证项目功能落地。

（二）全咨合同内容及范围

根据建设单位的建设方案策划,采用包含完整设计的EPC工程总承包模式营建,对应咨询服务模式为"1+3"全咨服务,即全咨单位提供建设期项目管理、工程监理、造价咨询、设计管理(咨询、优化)的一体化服务,同时建设单位在全咨招标前已经委托了医疗专项咨询单位,需要与全咨单位协同管理。

（三）项目特点分析及全咨服务重难点分析

1. 建设定位高、规模大,但建设工期仅560多天(不足19个月),较同等规模医院其工期被严重压缩。

2. 医疗需求、工艺流程、各类流线繁杂,设备、智能化、专项设计等功能需求具有多重性、易变性与复杂性;并且作为高校的附属医院,本身有教学、培训等产学研要求,其功能需求多样性、学科交叉性更为突出。

3. 由于采用医/地双方共建模式,项目决策机制和信息反馈对建设实施有巨大影响。

4. 以EPC工程总承包方式建设一座现代化综合性医院,本身就是挑战;并且EPC条件下的造价咨询是一个崭新课题,也是难点之一。

5. 全咨模式尚在探索和完善中,且参建各方对全咨认识不同,理念碰撞及管理习惯的不统一,增加了管理难度。

（四）全咨服务策划方案

1. 全咨策划总思路

基于投标阶段对项目的分析,进场后对项目各方面信息进行了了解,为顺利实施本全咨项目,在充分了解建设单位意图的前提下,首先拟定全咨服务总思路(图1)。

从医疗建筑实施复杂性、组织实施方式难度大、建设环境协同性不足等特点出发,通过全咨管理策划抓源头,具体策划通过设计管理、造价控制、监理实施及其他要素把控医院营建功能和价值实现。

2. 全咨服务组织策划

(1)组建全咨联合体项目部

按照"精简高效"原则组织具备"建筑专业知识+项目管理技能"等综合实操技能的专业人才搭建"铁一院/西安铁一院咨询公司泾河医院全咨联合体项目部",由全咨项目负责人具体负责实施,联合体项目部下设项目管理、设计管理、造价咨询、工程监理四个部门,由各部门专业负责人领导专业咨询工程师开展工作,组织结构如图2所示。

(2)选配精干团队承担专业性任务

铁一院集团和西安铁一院咨询公司泾河医院联合体全咨项目部人员构成如表1所示。

(3)建筑、项目管理专家及外聘医疗专家服务

铁一院集团、西安铁一院咨询公司选派建筑、结构、设备、项目管理专家等提供后方支撑;同时西安铁一院咨询公司聘请外部医疗专家1位,全程为本项目提供医疗专项咨询服务,对接西安交通大学、建设单位、亚太医院咨询等各方。

3. 全咨服务进度总控策划

全咨联合体项目部针对项目特点及管理重难点编制《全咨规划大纲》,作为

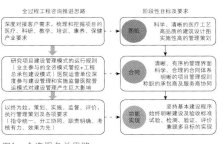

图1 全咨服务总思路

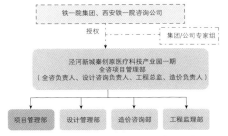

图2 西安交大附属泾河医院全咨项目部组织结构图

全咨项目部人员构成 表1

联合体项目部各部门		人员数量	备注
全咨联合体项目部		2人	全咨负责人、信息化工程师
四个专业服务职能部门	项目管理部	6人	计划、合同、质量、HSE、信息、费控等岗位
	设计管理部	12人	建筑、结构、给水排水、电力、暖通、景观、智能化、消防、地质勘查、BIM等专业
	造价咨询部	8人	土建造价、安装造价、合同工程师等
	工程监理部	18人	总监、副总监、总代、监理工程师、监理员、试验员、测量师等、两名BIM实操型工程师

总体管理指导纲要。

通过分析建设单位的建设方案和EPC合同约定的里程碑节点工期，结合经验，于2022年1月16日编制完成本项目的总控计划（二级计划）。

总控计划按照4条主线推进：①项目相关手续办理及验交一条线；②项目勘察、设计及造价管理一条线；③医疗工艺流程设计及医疗设备采购安装验收一条线；④现场施工建设一条线。4条主线结合医疗建筑的管理需要细化和分解为9条线，各条线按照功能实现和实施顺序的逻辑关系关联推进，编制完成可总控本项目建设的二级计划，得到建设单位的高度认可。

全咨项目部将总控计划及分解路线进行深化，辅以总控计划说明书，从多角度确定前期设计、实施等多条关键路径。

各部门根据《全咨规划大纲》、总控计划、分解深化路径编制了包括《设计管理专项计划》《造价咨询专项计划》《项目管理计划》《项目监理规划》等实操文件，用于指导各部门开展工作，保证管控总思路层次分明。

4. 全咨服务其他策划

全咨服务策划还包括策划依据、咨询成果表达要求、咨询成果时限及格式要求、项目服务创新要求、BIM及信息化实施要求，以及需要建设单位协调或明晰的问题等，限于篇幅，不再赘述。

三、项目全咨实践阶段性效果及策划印证

（一）设计管理阶段性成果

经过前期与建设单位、医疗咨询单位、EPC工程总承包商不间断沟通和大量前期调研考察工作，全咨设计管理部负责人主持召开了西区建筑平面方案确认讨论会、项目工程热源方式讨论会、医疗流程设计任务书确认会等系列会议，使得后续设计及施工工作有序展开。基于后续的调研考察、相关医院的指标核对、项目结构工程含钢量测算及核实，该工作得到建设单位领导的高度赞誉和认可。

设计管理部发挥设计引领作用，组织召开了"西区地质详勘报告审查""西区地基基础选型论证""西区基坑开挖、边坡支护、基坑降水"的"三合一"专家咨询论证会议，取消了原设计西区基础下1.5m换填，节约直接投资3000万元；建议对基坑降水方案缓步实施，以首批观测井的观测成果确定后续方案（实际减少降水井及抽排费用超过200万元）；基础优化及降水优化节约工期1.5个月。取得设计管理、设计咨询、设计优化的实效。

（二）造价咨询阶段性成果

1. 从源头（概算）严控投资：估算有偏差，为了控制总造价不超投资，经过充分的市场调研与同类项目类比，调整原估算有偏差的项目，确定总价不变的情况下进行各项平衡，确定各专业限额，倒逼设计按限额执行。

2. 医疗专项的造价咨询：医疗专项与常规房建项目有很大的区别，如二、三级流线的布置；医用气体、污物处理等工艺流程；医用纯水、物流系统应用；智慧手术部的设置；净化空调系统的工作原理等，采用聘请医疗专家+同类项目类比方式来组织管控。

3. 材料实行"预封样"：要求EPC工程总承包单位按批提前上报预使用材料的资料，造价人员分别核对其是否满足设计图纸要求、是否满足合同品控要求、是否满足投资需要。

综合阶段性效果：目前统计的核减费用累计已超过7000万元。

（三）全咨业务取得的成果（咨询报告）

1. 工程监理成效显著：连续三次获建设单位季度考核评比第一名，一次第二名。

2. 造价咨询成果总体可控：土建审减额度超过7000万元。

3. 设计优化及设计管理成效特别突出：优化成果累计约有2亿元（基础选型及土支降节约3200万元，钢筋数量核减节约1亿元，其他相关专项节约5000万元）；施工图效果有提升；形成了相应的协作机制。

4. 2023年1月，对2022年全年咨询成果形成总报告及四个分报告：《2022年度全咨总报告》《设计管理咨询分报告》《造价咨询分报告》《工程监理分报告》《BIM业务分报告》。

5. 总结梳理，编制成册，形成全咨架构下各专业板块技术质量相关制度。即将全咨管理制度汇编并沉淀，以本项目为发展基石，由全咨项目负责人引领项目全员从机构建设、制度完善、业务实施、经验总结等方面积极探索和积累全咨相关理论和实践工作，为后续全咨项目业务拓展作出贡献。

（四）融合共进初见成效

全咨联合体项目部的高成本投入，规范化的服务和对品质的追求，给了建设单位强有力的回报。经过市场竞标，持续跟进，落地了后续的全咨项目。

（五）全咨策划印证及经验总结

细致分析实施过程，进场后约4个月，基本稳定总平面布局（方案），启

动基坑开挖。截至发稿时，组织施工共计16个月，完成工程投资超过16亿元（主体结构全面封顶，二次结构完成99%，建筑设备安装完成超过80%，建筑幕墙完成超过75%，全面转入装饰装修及管网景观施工阶段和深化医疗设备、医疗专项阶段），工程建设总体推进顺利。

顺利推进的核心原因是坚持了"以施工承包商为牵头人的EPC项目，必须以施工不间断为主线"，辅助以功能完善和建筑图纸的高质量要求。

当然项目推进也存在如医疗净化等专项确定慢、医疗信息化需求较难达成共识、医疗专项子项概算招标及定价难等问题，目前正在全力克服中。

此外，项目总体实施进度与策划书的总控计划仍有2~4个月的差距，除了客观因素外，参建各方对EPC工程总承包模式、对建设单位监控下的全咨服务模式的不理解和理念碰撞是不容忽视的问题；同时项目治理体系的瑕疵也在一定程度上制约着建设目标的实现，需要不断地协同和调整机制策略来攻坚克难。

尽管如此，《全咨规划大纲》的确为项目实施做好了铺垫，让全咨项目部全员按照统一思想、统一指令，步调一致地开展工作。

四、总结与感悟

全咨业务推进进入"深水区"（区别于试点阶段），竞争比拼的已经不是单一营销和几项技能，而是企业长期技术积累和研发积累的综合应用，更是长期付出、持续学习、总结提高、历练积累的过程。经过一年多的全咨实践，有如下感悟。

（一）专业化全咨团队是限额设计等全咨策划全面落地的组织保障

通过深度对接业主需求，梳理和挖掘项目的医疗、科研、教学、培训要求，引申为高品质的建筑设计图、可操作性强的管理策划，即通过全咨充分发挥专业化团队的优势，保证限额设计等积极措施，让全咨策划落地。

（二）建设单位视角是全咨服务成功与否的核心因素

全咨作为多重监管合一的责任单位，化被动为主动，通过建设单位视角下的项目管理，联动各专项咨询部门，保证清晰、有序的管理界面，科学、合理的合同体系，明晰的项目管理规则促成项目管理落地和项目顺利推进。

（三）科学合理的全咨管理制度与实施细则是全咨目标均衡实现的制度保障

通过建立、实施、更新本项目全咨管理的制度与实施细则，按照"指令统一、分工协同、职责明确"的执行管理策划及各项要求，指导对应工作的开展实施。坚持基本建设程序，始终明晰建设及验收标准，保证建设目标均衡实现，力求达成价值交付。

（四）不同的EPC总承包商应制定有区别的管控策略

针对不同的EPC总承包商牵头人，结合特征特点及企业属性，制定针对性强的管控策略，并在具体实践中不断总结、提炼、调整和完善，可取得不错的效果。

（五）全咨服务特性不同决定其存在普遍性差异

本项目的全咨实践尚在进行中，其代表性和典型性仍比较有限，启发和感悟也并不具有普遍性，请甄别使用。

全过程工程咨询在乌梁素海流域生态保护修复试点工程中的实践应用

王大伟　贾文龙　李鑫森

上海同济工程咨询有限公司

摘　要：乌梁素海流域山水林田湖草沙生态保护修复工程项目跨度大、生态要素齐全、专业多、综合性强，在组织模式上创新使用了全过程工程咨询服务模式，进行了实践应用和探索，弥补了生态治理领域应用全过程工程咨询模式的空白，为生态治理项目应用全过程工程咨询模式提供了很好的借鉴经验。

关键词：乌梁素海；全过程工程咨询；模式

引言

为深化投融资体制改革，进一步完善工程建设组织模式，提高投资效益，国家相关部委及各省市出台多项政策鼓励在房屋建筑和市政基础设施领域推进全过程工程咨询服务，特别强调要遵循项目周期规律和建设程序的客观要求，在项目建设实施阶段，着力破除制度性障碍，重点培育发展工程建设全过程咨询，为工程建设活动提供高质量智力技术服务，全面提升工程建设质量和运营效率，推动工程建设行业高质量发展。在众多政策文件引领下，我国工程建设及咨询服务模式的转变速度加快，行业相关规章制度得到进一步适应性的调整，大量全过程工程咨询项目逐渐开始落地实施。

乌梁素海流域地处内蒙古西部巴彦淖尔市，是我国"两屏三带"生态安全战略格局中"北方防沙带"的重要组成部分，是阻隔乌兰布和沙漠与库布齐沙漠连通的"重要关口"。乌梁素海流域位于黄河"几"字湾最顶端，是黄河最大的功能性草原湿地，是黄河生态安全的"自然之肾"，是关系到黄河下游水生态安全的"重要节点"。乌梁素海流域内的河套灌区是我国三个灌区之一，是国家重要的商品粮油生产基地，也是引领国家实施质量兴农战略的"重点区域"。

乌梁素海流域山水林田湖草沙生态保护修复试点工程（以下简称"试点工程"）总投资180亿元，围绕"山、水、林、田、湖、草、沙"7大生态要素，对乌梁素海流域1.47万 km² 范围实施全流域、系统化治理，重点实施7大类35个项目，该项目全过程工程咨询服务中标合同额3.6亿元。

一、试点工程的特点

1. 项目跨度比较大

该项目分布在东区跨度超300km，南北跨度超150km 的范围内，项目覆盖面积达到1.47万 km²，在地域分布上给工程项目的实施带来了较大的挑战。

2. 项目生态要素齐全

该项目包含了矿山修复、水体治理、林业修复、农田点源面源污染治理、湖体治理、草原修复、沙漠治理等内容，涉及山、水、林、田、湖、草、沙等生态要素，是国内要素最齐全的生态治理项目之一。

3. 专业多综合性强

该项目包含了环境工程、土木工程、市政工程、林草工程、矿山工程、河道工程等多个专业学科，综合性比较强。

二、全过程工程咨询创新实践

该项目的全过程工程咨询服务（以下简称"全咨"）是生态治理领域的组织模式创新实践，服务内容包含前期决策咨询、全咨管理、造价咨询、招标代理和工程监理等，是较为典型的"1+X"全咨模式的实践应用。

1. 制度先行管长远，创新方式提质效

"制之有衡，行之有度""没有规矩，不成方圆"，制度是一切管理的基石和保障，规范管理，制度先行。要提升工作的管理实效，将责任体系压紧压实，首先要完善和落实各项制度。结合工程建设实际情况，先后建立了21项工作制度，通过制度来规范全咨团队的管理工作，规范项目流程化、标准化管理，大大提高了管理效率及成效。

2. 个性化培训教育，提高员工队伍综合素质

全咨团队采用多渠道、多元化的培训方法，通过邀请外部专家学者培训、公司内部提升培训、标准化培训等多种方式，开展培训教育工作。

在外部培训方面，全咨团队先后多次邀请国内行业顶级专家"面对面"授课，针对行业最新动态、先进技术、治理理念等开展培训，大大拓宽了管理人员视野，及时掌握行业前沿动态。

在内部培训方面，定时组织全咨团队中层以上管理人员参加业务技术能力提升培训，创新性地采用研究法培训，对所有参加者给出案例后，采取讨论的方式，由参加者自由讨论、各抒己见，采用头脑风暴，达到提高认识的目的。

在标准化培训方面，定期组织管理人员，对业务标准化作业手册进行培训学习，结合工作实际案例，对作业手册内容进行深入浅出地讲解，既有理论的高度，又有实践的广度，为全体管理人员标准化地开展业务工作提供帮助。

3. 建立调度机制，推动管理工作有效落实

建立日汇总、周调度、月考核的工作机制（图1），落实责任、强力推进，切实提高重点工作的质量和效率，确保各项重点工作落到实处，统筹管理7大类重点工程共35个子项。

厘清思路条理干：日汇报制度。各全咨团队成员每日汇报当天各项工作开展进度、存在的问题、下一步工作计划等，主要负责人针对工作中存在的难点、堵点问题提出意见，作出指示，扫清工作盲点，厘清工作思路，推动工作稳步开展。

总结整理找不足：周调度制度。采取每周六全咨团队负责人安排部署、下周六对各分组工作落实情况进行调度的形式。周六下午，各全咨团队成员将一周工作按照工作情况、存在问题、下周计划形成周报，对标上周工作计划，查摆工作完成情况。同时结合工作清单进行口头汇报，全咨团队负责人逐人逐项进行点评，同时安排下一周工作。

回顾归纳再奋进：月考核制度。每月初制定工作清单，月末形成责任清单。各全咨团队成员根据"两张清单"，认真梳理各项工作，形成每月的工作月报，统一汇总后上报建设单位及公司总部。采取每月组织一次考核的形式。全咨团队负责人根据月度工作进行综合考评，按照考核成绩实行"优秀、合格、基本合格、不合格"等次动态管理。

4. 信息化应用，助力咨询服务效能提升

基于物联网、传感器、云计算、数据采集储存融合、无线传输、数据库、AI、VR等应用技术，通过搭建内部办公网络、自主研发项目信息协同平台（图2），现场项目管理人员通过信息协同平台APP日更新项目质量、安全、投资和进度等信息，项目决策可即时反馈至各参建方，项目相关文件资料可以便利地协同传输和分类存档。全咨团队将系统应用至各参建单位，并为相关人员分配账号，各参建单位可依托系统进行网上办公。进入审批信息管理中的审批管理子模块，待审批专项施工方案一目了然，项目管理人员可一键在线审核专项施工方案并签署意见，完成后立即流转负责人审批。以前往往需要报送纸质文件至全咨团队审批，现在只

图1 日汇总、周调度、月考核工作机制

图2 项目信息协同平台

需线上上传即可立即到达相关责任人，信息协同平台的建立大大提高了工作效率。

5. 无人机3D模拟实景技术

试点工程项目区域大、面积广，以往利用仪器人工测绘的方式耗时长，投入人力物力多，全咨团队创新采用无人机3D模拟实景技术，应用无人机科技手段，开展全过程、全方位管控，对整个项目区全部拍摄覆盖，除了形成初期的地貌影像资料，同时形成项目策划与决策的地形图，为项目后期对比提供了较直观的现场影像。

6. 产学研结合，推进乌梁素海生态治理

乌梁素海污染成因复杂，治理难度大，在全国范围内仍无较好治理经验可借鉴，全咨团队依托同济大学学术优势，与多位环境治理领域专家教授就乌梁素海生态治理开展课题研究，形成多篇学术论文，如《乌梁素海水体富营养化评价及关键因子研究》《乌梁素海底泥污染特征及原位修复策略》《原位修复对乌梁素海底泥性状改良的影响》，为乌梁素海生态治理提供解决方案，助力科研成果转化落地，变身生态治理生产力，为国内同类型生态治理项目提供可借鉴、可复制、可推广的治理示范。

7. 理论成果梳理，构建生态修复理论体系

全咨团队从生态修复工程的政策依据、法律法规、制度建设、技术标准、绩效评估等多方面进行研究和梳理，构建生态修复工程的理论体系，总结经验，力争为生态修复工程作出贡献。

团队主持编写并出版了《人与自然的和解：以乌梁素海为例的山水林田湖草沙生态保护修复试点工程技术指南》《乌梁素海流域山水林田湖草沙生态保护修复试点工程常用法规文件汇编》《生态修复工程乌梁素海流域山水林田湖草沙生态保护修复试点工程项目管理办法》《山水林田湖草沙生态保护修复工程绩效评估及案例分析》《生态修复工程农村人居环境整治》《生态修复工程组织与管理》。

三、全过程工程咨询服务成效

1. 高效、精益的投资管控，节约项目建设投资

全咨团队通过从设计阶段抓投资，合理控制项目成本费用，节约建设资金，加上后期实施过程中较严格的变更控制，确保工程总投资额控制在建设单位要求的预算控制目标范围之内，提高建设资金使用效益，节约投资2.54亿元。

2. 流域生态环境显著改善

一是乌梁素海流域水环境质量明显改善。整体水质由劣Ⅴ类稳定提高到Ⅴ类，湖心区COD年均浓度18mg/L，氨氮年均浓度0.18mg/L，总磷年均浓度0.02mg/L，总氮年均浓度0.747mg/L，均优于绩效目标。河道水动力、水循环明显改善。二是点源污染得到控制。通过建设污水处理厂、生活垃圾收集和转运站点项目，污水处理率和生活垃圾处理率提高到99%，降低了对周边环境的污染。三是流域周边环境有所改善。通过矿山地质环境区域治理，矿山地形地貌得到改善，植被初步开始恢复，降低了山体滑坡、坍塌等地质灾害发生概率，强化了乌梁素海周边山地生态屏障功能。林业和草原生态得到修复，林草覆盖率提升，水土流失问题有所改善。

3. 成效明显，超额完成绩效指标

在乌梁素海全咨团队的积极履职尽责下，试点工程绩效指标全部达标，且部分指标超额完成，治理无责任主体露天采坑1123个，完成率278%；治理无责任主体废渣堆1623个，完成率460%；治理无责任主体废弃工业广场139个，完成率193%；新增水土流失治理面积9.3万亩，完成率664%；新增减氮控磷示范面积137.95万亩，完成率181%；人工湿地修复新增面积22695亩，完成率323%。

2021年6月，财政部对第三批山水林田湖草沙生态保护修复试点工程资金开展重点绩效评价，通过对试点

工程的基础资料分析，结合座谈调研、现场查看、专家研判、调查问卷等方式，进行了量化打分，最终确定资金绩效评价得分为90.75分，绩效评价等级为"优"。

4. 实践经验总结，获得多项省部级奖项

2020年8月，同济咨询的乌梁素海流域山水林田湖草沙生态保护修复试点工程成功入选"全过程工程咨询服务十佳案例"评选活动。

2020年10月9日，该试点工程乌兰布和沙漠治理区被生态环境部评为全国"绿水青山就是金山银山"实践创新基地。

2020年12月，该试点工程入选自然资源部《社会资本参与国土空间生态修复案例（第一批）》，也是全国唯一入选的山水林田湖草沙综合治理项目。

2021年4月27日，该试点工程本着发展理念、发展融合、实施路径、投融资模式的创新思想，成功入选生态环境部"EOD"模式试点项目名单。

2021年6月，自然资源部与IUCN合作，组织翻译和出版了《IUCN基于自然的解决方案全球标准》《IUCN基于自然的解决方案全球标准使用指南》中文版，并结合中国生态保护和修复重大工程与实践，在全国范围内选取了10个代表性案例，形成了《基于自然的解决方案中国实践典型案例》，乌梁素海流域山水林田湖草沙生态保护修复试点工程成功入选。

2022年1月18日，该试点工程入选"中国改革2021年度案例"。

2022年10月，乌梁素海流域生态治理全过程工程咨询组获得上海市质量协会颁发的"2022年度质量信得过班组"。

2023年1月12日，该试点工程项目全过程工程咨询服务获得"上海市建设工程咨询奖2020—2021年度优秀项目管理（全过程工程咨询）项目"。

结语

当前我国生态治理项目的特点和趋势主要表现为：一是大尺度、跨流域、跨介质、多要素；二是多部门（生态环保、自然规划、水利、林业、住房和城乡建设、农业、发展改革等）的协同和统筹；三是跨专业和领域带来的政策性和技术性强。这些特点对项目业主单位开展全面管理是一个挑战，全过程工程咨询服务模式由于其综合性、政策性、专业性等特点，可以很好地为建设单位提供全面的咨询服务，适应上述生态治理项目的特点。

2021年开始，生态环境部会同相关部门大力推动EOD项目试点，共计实施了两批90多个试点项目，涉及生态环境保护和产业开发建设两个领域。这些项目的综合性强、跨度大、周期长，政策性强，反哺机制的形成和生态产品价值实现机制的实现专业性要求高，工程项目执行过程中对组织管理能力和统筹协调能力要求高。大力推进工程全过程咨询服务是试点项目需要大力探索和实践的重要内容之一，以重点解决生态治理项目标准体系不完善、疑难复杂问题多、规范管理不足等问题。

在国家积极鼓励全过程工程咨询服务模式发展的大背景下，乌梁素海流域山水林田湖草沙生态保护修复试点工程全过程工程咨询服务为生态治理项目采用全过程工程咨询模式提供了很好的借鉴经验，有效填补了生态环境领域全过程工程咨询服务模式的空白，有力支撑了生态环境工程项目高质量实施与管理，为"十四五"深入打好污染防治攻坚战提供有力保障。

盛世传书阁　文济续传承
——西安国家版本馆全过程咨询实践

邵武平

西安航天建设监理有限公司

> **摘　要：** 西安国家版本馆（建设期名称："二二（一）工程""二二工程—西安项目"）是中国文化传世工程，在西安国家版本馆的全过程工程咨询服务中，通过建立直线职能制项目管理机构，做好项目总体策划与前期报建策划、勘察设计管理、招标采购管理、全过程造价管理、信息化管理，使项目的三大目标得以顺利实现，质量优良、按期交工，投资控制在概算范围内。同时，通过项目的全过程工程咨询服务的实践，对项目管理过程中存在的问题提出针对性的建议。希望通过该项目的实践，探索全过程工程咨询的服务模式和手段，并提供有效经验。
>
> **关键词：** 全过程工程咨询；设计管理；造价管理；信息化手段

一、项目背景

习近平总书记在党的十九大报告中明确指出，没有高度的文化自信，没有文化的繁荣兴盛，就没有中华民族伟大复兴。中国历朝历代都重视版本保藏传承，并且在鼎盛时期均按照"异地灾备"模式设置藏书机构。规划实施中华文化传世工程是贯彻落实习近平总书记总体国家安全观，顶层设计文化安全的战略举措。

该项目的建设对于传承并弘扬中华文明具有战略性、根本性和基础性作用，对于打造新时代文化丰碑、加快建设社会主义文化强国意义重大。

根据中央顶层设计，采用总分馆建设模式，项目定位为国家级版本库，参照古代藏书阁，命名为"文济阁"。未来与总馆（文瀚阁）及其他两个分馆（文沁阁、文润阁）一起，将建成国内最完整、最权威的各类出版物、印刷物、手稿、卷轴等版本的保藏中心，着力打造馆藏丰富、设施完备、功能齐全、作用显著的国家精神文化食粮的种子基因库，成为我国新时代历史文化保藏、展示、研究、交流的重要基地。

二、项目概况

该工程位于西安市高新区环山路以南位置，东邻太平峪、西接乌桑峪、南依秦岭北麓山地、北靠S107省道。项目规划总用地面积约20万 m^2，建筑面积约7万 m^2，绿化占比55%，规划建设13个单体建筑。主楼以保藏功能为主，其他裙楼以交流和功能用房为主。场地为斜度约15°的山坡地形，近似长方形，南北长约490m，东西宽约406m，北侧红线紧靠黑河输水管道。场地现状整体地势南高北低，高差约73m。

全过程工程咨询服务内容包括项目的报批、报建，招标投标的组织管理，设计管理，全过程的造价管理，施工及保修阶段的监理服务，展陈的策划、监督实施、协助做好布展陈列工作等。

三、全过程工程咨询开展过程

（一）组建项目管理部

全过程工程咨询项目管理部不同于传统监理部的组织形式，需要新的组织形式。该项目的组织机构及其管理方式如下：

1. 项目管理部组织机构

成立如图1所示的项目管理部组织机构。

图1 项目管理部组织机构示意图

2. 组织机构管理职责

"项目办"负责与业主协调联系，业主负责项目决策和重大事项的批准。"项目办"下设建设管理组、设计管理组、造价管理组、监理组、展陈策划组；"项目办"实行总咨询师负责制，项目咨询师由西安航天建设监理有限公司派员担任，负责对工程项目进行全过程、全方位的管理。

"公司专家组"对项目办提供全面技术支持，公司与系统内部同级企业且同地址办公的设计单位（具有工程咨询甲级、建筑工程设计甲级、城市规划设计资质等）形成合作机制，设计阶段咨询所需各专业管理人员也有了保障，并且公司还聘请了法律顾问，提供管理过程中的法律咨询业务。

各个业务组职责如下：

（1）建设管理组：项目的报批、报建工作，项目的招标投标管理，项目日常管理等。

（2）设计管理组：项目立项、编制项目建议书和可行性研究报告、施工图设计的质量控制、设计变更管理、设计进度管理等。

（3）造价管理组：概算的审核、施工图预算的编制和审核、工程款支付审核、总投资控制、竣工决算等。

（4）监理组：施工阶段及保修阶段的监理工作。

（5）展陈策划组：组织展陈规划设计，编报内容建设方案，组织版本资源普查、征集、研究和交流工作，协助做好布展陈列工作。

（二）编制项目前期报建策划及总体实施规划

因项目地处秦岭北麓，涉及秦岭保护问题，为有效地解决秦岭保护与工程建设的难题，项目办针对项目现场实际情况和现有法律法规的要求，组织精干人员按照建设单位依法依规的原则进行项目建设前期报建策划及项目总体实施规划，高效完成项目报建手续。

1. 编制项目的总体实施规划

通过项目总体实施规划实现设计和施工阶段有机融合，保证项目各单位进度目标的一致，统一项目管理的要求。制定项目的管理制度、程序，先后编写了材料和设备认质认价管理办法、工程签证管理办法、工程变更管理办法、工作联系单制度、图纸交接和交底制度等，明确了项目管理责任，理顺了管理程序，确保了项目顺利开展。

2. 项目报建工作

通过对项目实际情况详细了解、辨识，按程序列出前期报建各项手续及其办理条件，结合政府办理期限和工期设计前期报建详细策划，指导前期报建工作。完成初步设计与概算的批复，施工图的审查，建设用地规划许可证、建设工程规划许可证、施工许可证的报批，建设工程质量监督手续、太平湖取水手续的进程等。同时注意做好各项报建工作的衔接，有效地压缩报建周期，使前期报建工作按计划得以顺利实施，报建进度未影响项目进度计划目标实现。

（三）招标投标管理

编制招标采购计划，合理划分各分包合同界限，编写各专业设备采购招标的技术要求，进行各专业、各分包工程量清单的计算，针对现场实际确保进度和质量的其他要求。协助业主调研并确定总包单位、材料及设备供应单位，协助业主与总包单位、材料及设备供应单位等签订合同，协助业主办理审批手续及合同备案等。

1. 施工招标

完成施工总包招标，空调设备及施工、电梯、室外配套电力工程、燃气工程、热力工程、通信工程、雨污水工程、给水排水工程等的招标工作。组织对西引渠项目、黑河管线保护项目、场外道路及配套项目、临水临电项目、交通安全设施等进行了招标。

2. 设计招标

项目招标时，仅进行了项目整体设计招标，由于项目使用功能的特殊性，在项目开展过程中，大量的深化设计及专业设计方案确认及招标需项目管理部落实。监理部依据项目总体设计要求，编制了项目二次设计招标采购方案，落实了永久性护坡桩与桩基深化设计、西引渠改造深化设计、截洪沟深化设计、钢结构深化设计、幕墙深化设计、精装修深化设计、绿化深化设计等的招标，并统筹协调设计分包与设计单位、施工单位，确保项目整体设计方案的落实。

（四）设计管理

参与项目选址，落实建设单位设计意图，进行施工图设计进度把关和质量审核，组织图纸第三方审查，组织设计交底和图纸会审，组织设计变更管理，解决项目选址内地质及其他建设难题。

1. 解决地质难题

按照中央对项目选址"依山而建，依山傍水"的整体要求，项目选址圭峰山下。2020年4月，当项目进入施工图阶段时，发现选址场地处在地震断裂带影响范围内，导致项目推进再次受阻。为了使项目工期不受较大影响，在建设单位的协调帮助下，第一时间邀请省、市级地震专家赴项目现场进行实地踏勘，并组织召开项目场地断裂带影响及项目可实施论证会，听取专家组的意见和建议。经过近一个月的踏勘、研讨和论证，按照专家组会商意见，采用让项目的高台建在高度为30cm的188个隔震支座上的技术方案，使安全性和抗震效果得到了极大提升。最终，项目顺利取得了《地震安全性评价报告》，妥善解决了项目处在地震断裂带的难题。地震安全性评价专家论证有效规避了地震断裂带对项目推进的影响，为项目赶工期、抢进度奠定了坚实的基础。

2. 西引渠改线

西引渠（又名"西支渠"，鄠邑区20世纪70年代修建的灌溉渠）改线工程难题，起因是项目主体工程部分用地占压了西引渠的部分管渠。该渠作为水利项目，承担了一定的防洪任务。为快速解决改线难题，为"西安国家版本馆"抢工、赶工提供有力支撑，在省委宣传部的统筹下，积极协调主管该渠的鄠邑区水务局、草堂供水管理站等多个职能部门，通力配合，最终用一个多月的时间，及时攻克了西引渠改线难题，完成了改线任务。

3. 黑河引水管渠架桥难题

在项目推进过程中，黑河引水管渠的保护及架桥工作，也是一项较为棘手的难题。根据项目区位图、总平面图，项目施工的东、西两条临时道路与黑河管渠存在交叉情况，项目施工作业会经过黑河引水管渠。由于黑河是西安市最重要的水源地，至今为西安近千万人提供饮水保障。黑河引水管渠修建于20世纪90年代左右，距今时间较长，受当时的技术和建筑材料等制约，对其荷载和承重的要求尤为苛刻。为确保项目范围内黑河引水管渠安全，项目办与省委宣传部建设指挥部办公室（筹建处）紧急协调西安市和高新区相关部门，提前完成黑河引水管渠保护方案。在项目东、西两侧黑河引水管渠上方架设钢配桥梁，为项目场地清表、土方外运和进场施工等提供了极大便捷和坚强保障。

4. 防洪防汛

2020年4月西安地区连续降雨，施工现场内洞库南侧出现较大水量，南侧护坡渗水由原来非降雨期间的表面渗流演变为喷射流水，现场存在重大安全隐患。经查历史气象资料，分析数据，认为陕西省当年雨季较往年提前，降水量较往年同期增加较大。西安市有气象记录以来面临最大洪汛险情，为及时解决项目防洪防汛难题，项目办与项目建设指挥部办公室（筹建处）协调西安市鄠邑区水务局，组织召开项目防洪方案专家评审会，经过充分讨论与会商，确定本项目防洪标准为洪水重现期采取100年。按设计防洪标准，在项目南侧红线外需新建排洪渠1条，将项目南侧4条支沟及坡面洪水，通过项目南侧红线外新建排洪渠排入项目西侧乌桑河，排洪渠总长为1015m。经多方沟通、多次协调，最终在当年6月，西安有记录以来最大洪汛期来临之前，圆满完成了项目排洪工程的建设任务，及时化解了项目的排洪隐患。

（五）造价控制

确定工程造价控制目标；编制施工图预算，参与合同拟定和评审；审核施工单位报送的完成工作量月报表，并提供当月付款建议书，经业主同意后作为支付当月进度款的依据；及时核定分阶段完工的分部工程结算，动态进行工程量清单更新；审核设计变更、现场签证、工程索赔等费用，开展材料价格询价，并相应调整造价控制目标，及时向业主提供造价控制动态分析报告；承、发包双方发生造价争议时，为业主提供专业咨询意见；审核工程竣工结算，提供结算报告书。

（1）概算合理性审核

审核设计概算，并提出修改意见。例如，概算中屋面板造价为400元/m^2，设计屋面板为钛锌板，市场价为800元/m^2，此一项就相差3000多万元。再如，本工程地形复杂，地下管线多，重要的黑河引水管线需要保护，但概算中措施费用中未列入，此项费用需300多万元。项目筹建处采纳项目办的建议，并据此调整了概算，保证了概算的合理性、准确性。

（2）施工图预算的编制，编制各个专业的施工图预算。

（3）根据概算与预算的对比分析，提出超概算风险点，进行针对性预防。如室外绿化工程中初步设计多用名贵树种，概算费用大，项目办提出可用项目周围山林树种，不仅可与周围山地协调，还可大幅降低概算造价，此项可降低造价2000多万元。

（六）展陈策划

项目办主要进行展陈的策划、展陈大纲的审核，协助版本资源普查、征集，组织版本收藏，组织版本馆与广东省立中山图书馆、广州市国家档案馆、南越王博物馆、苏州图书馆、浙江大学艺术与考古博物馆交流活动，为西安国家版本馆的展藏陈列作出贡献。

四、信息化的管理手段

施工过程中，如何更好服务业主，除传统项目管理质量、进度、安全、合同等内容及管理手段外，利用现代化的管理手段，可提高管理效率、管理质量，节约管理成本，提升公司全过程工程咨询企业的形象，在实施中主要采用的现代化管理手段如下：

（一）使用无人机进行管理

无人机由于其特殊的功能，在建筑工程质量、安全管理监督的某些方面有非常大的作用。无人机的摄像头就像监管人员的眼睛，能够深入施工现场，保证施工现场的生产安全，所以引入无人机进行现场管理。

1. 确保监理人员的安全

西安项目原始地貌林木繁茂，地形复杂、南北高差大，现场有沟壑、断崖、枯井，林木中有马蜂等危险源，有些地方人员难以到达，监理部利用无人机巡查，轻松解决了这一问题，并且对整体场貌的危险地带进行标注，确保了监理人员巡视过程中的安全。

2. 大视野、多角度

西安项目场地面积较大，在清表作业时大量林木清除后大量堆积，现场火灾安全隐患较大，利用无人机的红外摄像头在高空进行现场巡查，可以直观地发现地表温度异常地区，从而做出预警，此类工作如果靠人工巡查，不仅费时费力，而且收效甚微。

建筑工地治污减霾引起社会各方高度关注，以往监理人员在检查裸露黄土覆盖、现场湿法作业、土方降尘措施及道路保洁方面往往需要付出大量的时间和精力，如果工地面积较大开展此类工作往往顾此失彼，而此时无人机可大面积高空侦测的优势就被发挥出来。

3. 管理效率高

西安国家版本馆管道现场如果用传统人工对地形地貌进行测量，需要用2个星期的时间，用无人机进行测量，仅用4个小时就完成测量工作，效率惊人。如果用人工每天进行现场巡查，需要2个小时，利用无人机巡查，20分钟可轻松解决问题，并且可以进行视频回放，由面到点，及时发现问题。

4. 验收事半功倍

在进行危大工程验收时，由于基坑深达10m，中间腰梁验收时人力到达困难，利用无人机轻松解决了这一难题，事半功倍。

（二）BIM技术的应用

BIM是信息化发展的趋势，更是项目管理有效技术手段之一。咨询企业要走出一条管理模式合理、产业不断升级的发展之路，需要结合项目实际，加强BIM技术在项目中的应用和推广，通过积极的项目实践，不断积累经验。公司作为陕西BIM技术联盟理事单位，积极建立BIM技术应用标杆项目，充分发挥BIM技术在项目管理中的价值，该项目的BIM应用主要有以下几个方面：

1. 综合管线排布，空间净高检查

由于工程使用功能的要求，工程中的不少空间对建筑净高有特殊的要求，但因为工程本身系统繁多，设备管线多，为了避免施工完成才发现建筑净高不符合要求，必须进行二次返工，造成项目成本的增加，该项目运用BIM技术将建筑、结构、机电等专业模型整合，再根据各专业要求及净高要求将综合模型导入相关软件进行碰撞检查，根据碰撞检查报告结果对管线进行调整、避让，对设备和管线进行综合布置，从而在实际工程实施前解决空间净高问题，尤其有效地实施了机房大量机柜、网络电线电缆的合理排布，为强电、弱电系统的采购和定型加工提供了依据，提高了工作效率，加快了施工进度。

2. 实现多专业协调

各专业分包之间的组织协调是施工顺利进行的关键，是加快施工进度的保障，其重要性毋庸置疑。以前项目未采用BIM技术，暖通、给水排水、消防、强电、弱电等各专业由于受施工现场、专业协调、技术差异等因素的影响，缺乏协调配合，不可避免地存在很多局部的、隐性的、难以预见的问题，容易造成各专业在建筑某些平面、立面位置上产生交叉、重叠，无法按施工图进行施工，拖延工期。

该项目通过BIM技术的可视化、参数化、智能化特性，进行多专业碰撞检查、净高控制检查和精确预留预埋等，利用基于BIM技术的4D施工管理，对施工过程进行预模拟，根据预先发现的问题采取各专业的事先协调等措施，减少因技术错误和沟通错误带来的协调问题，大大减少了返工，节约了工程成本。

3.利用设计BIM模型与施工作业结果进行比对验证

利用钢结构BIM模型，在钢结构加工前对具体钢构件、节点的构造方式、工艺做法和工序安排进行优化调整，指导钢结构制造厂采取合理的加工工艺，降低施工难度。另外在钢构件施工现场安装过程中，通过钢结构BIM模型数据，对每个钢构件的起重量、安装操作进行精确校核和定位，提高了施工质量和效率，有效并及时地避免了错误的发生。

（三）"总监宝"的应用

"总监宝"以项目管理为核心、企业管理为基础，依托项目实时数据驱动管理，通过工作在线、信息协同、价值展现三大理念帮助监理企业、总监打造赋能型组织及团队。"总监宝"在项目管理中的应用专注于监理部人员日常工作，帮助总监降低沟通与管理成本，提升管理效率，让监理部进入移动办公时代。

1.监理管理行为标准化、规范化

项目监理人员在每天的巡视、旁站、检验、验收过程中，要求将巡视、旁站、检验、验收等数据、照片录入"总监宝"中，录入的数据、照片有固定的格式，监理人员每天的工作资料输出格式统一，从而保证监理管理行为标准化、规范化。

2.打造智慧监理部，实现数字化管控

项目部监理人员每天录入的基础数据可在"总监宝"上进行管控，项目资料在"总监宝"上集中管理。项目现场的数据实时可见，通过对现场数据分析，使监理项目始终处于受控状态，同时通过数据分析，使总监及管理人员能够及时发现项目现场存在的问题，进行质量、安全、进度的管控。在"总监宝"上还可查看已发现问题是否解决，并进行进度追踪，确保发现的问题都能得到及时解决，避免建筑施工安全、质量事故的发生，提升管理效率。

（四）二维码技术的应用

为了更好地管理工程项目，该工程还创造性地应用了二维码技术，主要应用在材料的见证取样和施工质量管理上。

1.二维码技术在材料见证取样过程中的应用

传统的建设工程中材料见证取样的方式存在无法确定见证人是否在工地现场取证，无法确定见证人的见证记录的真实性；混凝土试件存在代做代养护现象；无法确定取样时的地理位置信息；取样后，样品的唯一性较难保证，易发生调换等问题。

为了解决传统见证取样方式存在的问题，公司在工程管理中采用了见证取样二维码监管信息系统，加强对见证员与取样员的管理，监督见证人员尽职尽责。通过GPS定位见证员与取样员的地理位置，确定见证员与取样员是否在同一工地；通过对取样过程、见证过程影像资料的实时上传，可对见证取样过程进行监督；通过对样品进行GPS定位，有效杜绝试件的代做代养护现象；通过对见证取样、送检、检测及报告上传监管平台进行全过程追踪，有效解决见证取样过程中出现的种种问题，保证工程质量。

2.二维码技术在施工质量管理中的应用

根据现场施工情况及工程质量管理模式，二维码技术主要在施工质量管理的以下四个方面进行了广泛应用：实体样板制作与展示、施工区域质量管理展示、施工部位人员责任追溯、质量管理动态展示。通过二维码技术在施工质量管理中的应用，替代传统的标识牌及多种纸质、电子资料，节约成本，同时提升工程管理效率。

五、全过程工程咨询面临的困难

（一）企业本身面临的困难

1.数字化普及程度欠缺

咨询企业仍然依靠传统的方式展开工作，不能在短时间内将企业间、行业间信息整合成有效的决策资讯，未利用数字化手段高效整合数量巨大、来源分散、格式多样的大数据。

2.整体性服务能力不强

同属工程咨询范畴的勘察设计、监理、造价、招标投标等工作受到行业内多头主管，人为分割未能有效提升咨询品质，导致服务不清晰、松散状、碎片化，造成管理存在重复和交叉，使工程咨询服务产业链整体化不足。

3.系统化管理落实不足

咨询企业未形成一套科学完整的管理制度以保证企业的高效运转，对当前行业快速发展的大趋势不能及时进行服务标准的调整和技术体系的更新，未改进原有企业管理制度中不适应的规范、规则、程序。

4.专业配置合理性不够

咨询单位在工程技术领域人员配置充分，但在市场、商务、经济、管理和法律等方面的专业人才配置较为薄弱，从而缺乏相关领域的系统知识，降低了咨询服务质量，难以形成竞争力。

（二）政策推行面临的问题

1. 工程咨询行业存在系统性问题

工程咨询行业的问题是系统性的，而不是某一方的单一责任。从投资决策到后期运营的各阶段，以及从个人到企业、行业、市场、政府监管、法律法规等各层面均存在不同程度的问题。这些问题具有系统性特征，相互影响，相互制约，是全过程工程咨询政策推行所面临的首要障碍，直接影响着政策的适用性和可行性。

2. 工程咨询服务缺乏集成性

工程咨询行业条块分割严重，各阶段之间存在明显的技术壁垒，缺乏交流，导致全过程工程咨询的推行存在技术困难。同时，业主方也常用条块化的管理来制约各参与方行为，保护自身利益，但条块分割严重影响工程管理效率，造成各方沟通障碍，不利于工程项目全生命周期价值的实现，为全过程工程咨询的政策推行带来管理障碍。

3. 工程咨询服务管控机理认识的缺乏

目前，工程咨询服务实施过程缺乏基本的准则指导，现行的政策规范大多关注问题本身，而非产生问题的根本原因，这是全过程工程咨询政策需要克服的理论问题。此外，工程咨询行业新问题较多，而老问题并未完全得以解决，使全过程工程咨询政策的推行难度大大增加。

结语

在全过程工程咨询到来的新时代条件下，监理行业开展全过程工程咨询服务，必须要有现代化的管理手段与管理理念，制定好明确的管理目标，运用信息化技术，发挥熟悉现场优势，从现阶段以项目管理为主，主动向前期方案服务延伸，通过提高包括监理数字化手段在内的全过程工程咨询项目服务品质，才能逐步立足全过程工程咨询服务市场，才能成长为进军全过程工程咨询新业态的服务主体之一。

参考文献

[1] 燕少霞. 全过程工程咨询的发展与咨询要点分析[J]. 中国工程咨询, 2018 (9): 4.

[2] 孟楠. 探索全过程工程咨询推动产业发展[J]. 建筑, 2018 (18): 14-17.

[3] 孙琪, 余永清, 丁嘉林. 浅谈新时期政策环境下企业发展全过程工程咨询的思路[J]. 浙江水利科技, 2019 (3): 52-54.

[4] 孙静静. 招标代理机构转型升级的必要性及发展方向[J]. 中国招标, 2019 (10): 24-27.

[5] 余丽娟. 工程造价全过程控制和管理过程中的技术要点探究[J]. 科技视界, 2012 (26): 353-355.

[6] 周颖. 浅谈工程造价咨询单位参与工程全过程造价控制[J]. 中国城市经济, 2011 (15): 370-371.

[7] 何操. 目前监理应具备的BIM业务能力分析[J]. 数码设计, 2017 (7): 2.

[8] 龚文璞, 刘维忠, 伍云天. 无人机在施工质量监管中的应用[J]. 重庆建筑, 2017 (3): 3.

[9] 刘帅, 龚炜佳, 齐佳. BIM技术在EPC机电安装工程中的应用[J]. 安徽建筑, 2019 (2): 148-149.

艾溪湖隧道工程监理工作总结

龚 成

江西中昌工程咨询监理有限公司

摘 要：本文以艾溪湖隧道工程项目为背景，通过分析项目重点难点，突出监理工作中解决问题的措施办法，以及施工过程遇到相关问题的心得体会，为后续公司在承接隧道工程和其他项目上提供经验。

关键词：监理总结；重点难点；管控办法；措施

一、工程概况

（一）地理位置情况

艾溪湖隧道工程位于南昌市高新区城市二环与三环之间的城东片区，连接湖西的火炬大街和湖东的艾溪湖二路。

该项目在艾溪湖中部跨湖区域建设一条交通通道，减少交通绕行，促进城市空间发展走廊的格局形成，引导激发区域用地的更新发展。

（二）设计概况

该工程均为明挖法施工隧道，结构形式主要采用箱形框架结构，工程全长2664m。

公路隧道结构形式主要采用U形槽结构和箱形框架结构，公路隧道箱形框架结构主体结构宽29.5~48.6m，净高5.65~6.7m，公路隧道全长2664m。

地铁廊道箱形框架结构主体结构宽11.2m，净高5.2~5.26m，地铁廊道全长1441m（图1）。

（三）工期计划要求

合同工期为30个月，实际开工时间为2019年9月5日，通车时间为2022年1月26日，历经873天，提前完成施工。

二、项目工程复杂性

（一）地域位置复杂

艾溪湖隧道工程分湖西、湖中和湖东三个工区，湖西段公路隧道正穿高新区管委会大楼。湖中段横穿艾溪湖，湖中段施工过程需考虑水环境保护、水污染治理的影响。湖东段受省气象局监测站、110kV高压架空电缆线影响。

（二）设计要求复杂

1. 开挖基坑为"坑中坑"形式

艾溪湖隧道设计包含公路隧道及下部重叠地铁廊道的施工，开挖基坑形成了"坑中坑"，基坑开挖及主体结构的施工安全风险较大。

2. 湖中"钢管桩围堰"

隧道穿越艾溪湖中段采用围堰明挖

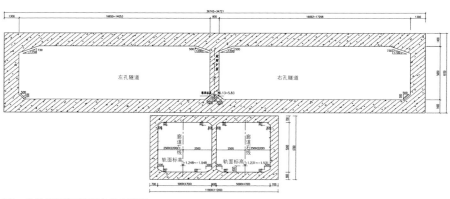

图1 地铁廊道箱形框架结构示意图

法施工方案，在艾溪湖水域中设置围堰，分隔出隧道施工区和艾溪湖水域，采用明挖法进行隧道基坑的开挖和隧道主体结构的施工。

3. 大体积混凝土

艾溪湖隧道公路隧道设计为箱形框架结构，底板厚0.8~1.7m、顶板厚1.2~1.5m、外墙宽1.1~1.4m，厚度均已超过1m，为大体积混凝土结构。

（三）地域跨度大，项目专业工程涉及面"广"

艾溪湖隧道工程项目按三个工区进行区域划分管理，工程体量大、工期短，为了保质保量完成进度目标，项目部采取全面"开花"、多点同步作业施工。

艾溪湖隧道工程作为省内首条公铁两用层叠隧道，南昌市首例涉湖钢围堰下超大深基坑施工，工程难度大，涉及专业广，有9个单位工程，67个分部工程，465个分项工程。

三、"三控两管"及安全生产管理工作

（一）质量控制

1. 质量控制目标

艾溪湖隧道工程合同质量控制目标为合格，施工单位内部提出抢省优、争国优的质量控制目标。

2. 质量控制的方法及监理工作情况

监理部遵循公司倡导"严格监理，热情服务"的宗旨，以安全、质量技术交底为先，倡导样板先行等措施，以实现质量管控目标。

1）监理部根据项目分部分项划分，制定了重点、主控的工序项目，突出了重点工序重要性，经统计艾溪湖隧道共465个分项工程，其中重点控制工序为55个。

2）实行首段、样板制度，对施工准备情况、原材料、施工机械，以及交底、施工过程等进行严格要求，并形成总结，总结报告需有指导性和可操作性，为后续大面积开展施工作指导。

3）监理部根据首段、样板工程施工情况制定了主要分部分项工程质量控制要点分解表，以便指导现场监理人员进行质量控制。监理部已编制完成18个主要分部工程、194个分项工程的工序质量控制要点分解表，表1为部分地下连续墙（简称"地连墙"）工序施工质量监理控制要点分解表示例。

4）监理部定期召开工地监理例会和不定期召开质量专题会，对施工过程存在的质量问题及时下发监理工程师通知单，并进行专题会讨论，分析质量问题原因，采取措施避免再次发生（表2）。

（二）进度控制

1. 进度控制目标

艾溪湖隧道按照合同工期为30个月，按照既定要求需在2022年春节前实现通车目标，通过参建各方的努力，艾溪湖隧道于2019年9月5日下发工程开工令，2022年1月26日通车，圆满完成既定通车目标，比合同工期完工时间提前2个多月。

2. 进度控制方法及监理工作情况

1）按照通车节点目标要求，审查施工单位申报的施工总进度计划，重点审查进度计划中主要工程项目有无遗漏，施工顺序应符合施工组织、方案的施工工艺要求。

（2）正式施工前，艾溪湖隧道项目各参建方共同会商制定了进度一、二级

艾溪湖隧道监理部质量控制工作统计表　表2

项目内容	频率
质量专题会	55次
质量专项大检查	39次
周度、月度质量检查	136次
监理通知单	108份

地连墙分部分项工程检验批工序施工质量监理控制要点分解表　表1

单位工程	公路隧道工程	子单位工程	/	
分部工程	围护结构	子分部工程	地下连续墙	
工序名称	施工要点	质量标准	其他	照片
水下混凝土灌注	两根导管浇筑混凝土要均衡连续浇筑，浇筑上升速度不小于3~4m/h，导管间的混凝土面高差不宜大于50cm。混凝土泛浆高度30~50cm，以保证墙顶混凝土强度满足设计要求为宜，待混凝土初凝后用风镐凿除	保证每幅地下连续墙混凝土浇筑完整性	铅垂钢绳检测混凝土浇筑高度	

艾溪湖隧道工程节点推进计划表　　表3

节点等级	部位	节点名称	计划完成日期	实际完成日期	是否存在滞后、滞后原因、措施办法和防范措施
一级节点	艾溪湖隧道工程公路隧道	全线通车时间	2021.01.26	2021.01.26	未滞后，已按计划节点目标完成
		湖中一期主体结构完工	2021.05.20	2021.01.30	未滞后，已按计划节点目标完成
		湖西二期主体结构完工	2021.07.30	2021.07.28	未滞后，已按计划节点目标完成
		……	……	……	……
二级节点	湖中二期	基坑具备开挖条件	2021.06.15	2021.05.30	未滞后，已按计划节点目标完成
		主体结构地铁结构封底	2021.08.15	2021.08.15	未滞后，已按计划节点目标完成
	湖东一期	主体结构地铁结构封底	2021.04.15	2021.03.13	未滞后，已按计划节点目标完成
		……	……	……	……

等级节点目标，过程按照既定的节点任务目标要求对施工单位进行现场进度控制，一、二级等级进度节点目标如表3所示。

3）进度计划优化调整，过程中由于局部征地拆迁和管线迁改影响，施工受阻，及时督促施工单位调整进度计划，通过增加资源投入和提高劳动效率等措施缩短关键工作持续时间（表4）。

（三）造价及合同管理控制

1. 造价控制目标

艾溪湖隧道项目合同造价17.03亿元，合同补充协议3.3亿元，共计20.33亿元，按照合同造价金额控制项目总造价在合同范围内实施，整个项目的造价受控。

2. 合同控制目标

监理部按照监理委托合同要求，严格履行相关责任、权利和义务。同时，时刻提醒业主单位履行合同规定的各项义务，避免索赔事件发生。

3. 造价、合同控制方法及监理工作情况

1）艾溪湖隧道项目采取工程量清单计价方式，开工前，监理部组织全体人员认真审阅工程建设施工合同文件和监理委托合同文件有关造价条款，依据合同和业主要求制定相关制度开展造价控制工作。

2）变更过程中，严格按照业主最新管理办法执行，及时对施工单位上报的设计变更、新增单价、造价变更等进行审核，对造价信息中没有的材料进行独立询价，提出材料价格建议。

3）造价控制过程中，艾溪湖隧道监理部编制了主要分部分项工程经济指标和各类分部工程费用占比情况分析，以便作为造价控制指标（表5）。

（四）信息管理及监理工作情况

信息管理是建设工程监理工作的重要手段之一，及时掌握准确、完整的信息，能更好地指导项目工作的开展。

建设工程信息管理贯穿工程建设全过程，开工前，根据艾溪湖隧道工程特点，按照项目情况进行资料分类，表6为艾溪湖隧道工程监理部部分文件资料分类存档目录情况。

（五）安全生产管理

1. 安全生产管理目标

遵守现行国家、地方、行业有关法律、法规、政策规定和工程建设标准有关安全生产管理的规定，特别是遵守南昌轨道交通集团有限公司颁布的有关轨道交通工程建设和安全质量管理办法。达到遏制一般生产安全事故，杜绝较大生产安全事故目标。

2. 安全生产监理工作方法及监理工作情况

1）施工准备阶段根据本工程特点，

艾溪湖隧道监理部进度控制工作统计表　表4

项目内容	上墙图表	日报	周报	月报	专题会
频率	32张	873份	121份	28份	44次

艾溪湖隧道项目经济指标　表5

序号	项目名称	单位	金额
1	围堰工程	元/m	37855
2	市政公路隧道	元/m	424421
……	……	……	……
14	声屏障	元/m²	4658

艾溪湖隧道工程监理部文件归档总目录　表6

一、总监办		
序号	归档卷号	归档内容
1	总办-1	文件归档总目录及文件移交目录
……	……	……
二、试验		
69	总办-试验-1	试验检测单位资质报审
……	……	……
三、计量		
96	总办-计量-1	前期及施工合同文件
……	……	……
四、测量		
106	总办-测量-1	控制成果表及交桩记录
……	……	……
五、安全		
124	总办-安全-1	特殊工种进场人员报审

编制安全监理实施细则，制定监理安全管控的工作方法和措施。对施工单位编制的施工组织设计中安全技术措施、危大工程安全生产专项施工方案进行了审查，同时监理部内部进行了相关安全学习和培训（表7）。

2）施工前，监理部组织相关单位人员依据施工设计图纸和相关文件，对项目存在和可能存在的危大工程和重大风险源进行了分析辨识，从施工、环境及自然三个方面共识别出风险源25个。

3）施工过程中，监理部定期和不定期组织周、月度安全生产检查和专项安全检查工作。对危大工程实施过程，要求监理人员进行全过程旁站监理工作。

4）艾溪湖隧道全路段采用明挖法施工，深基坑安全稳定监测工作尤为重要（表8），监理部配备了专职测量员进行盯控，确保基坑安全实施。

四、监理施工过程控制重点、难点及采取措施方法

（一）"坑中坑"基坑质量安全管控

1. 控制难点、重点

1）艾溪湖隧道采用明挖法开挖基坑施工，公路隧道与地铁廊道平面位置处于上下重叠情况，按设计要求开挖基坑全长266m，最深处可达27m。

2）艾溪湖隧道基坑开挖深度大，同时，基坑邻近风景区、市政道路、高档小区等，若出现基坑坍塌，将造成较大损失。

2. 措施办法

1）根据艾溪湖隧道基坑长度大、深度大的特点，采用明挖分层开挖方案，土方开挖按流水作业需分层、分段、分区、分块平行组织作业，尽早形成完整的支撑体系。

2）围护结构施工完成后，监理部组织参建各方进行质量缺陷分析，对施工过程中出现的质量问题深入剖析，对质量缺陷处理方案进行论证，确保结构安全可靠。

3）基坑开挖前，参建各方进行了条件验收工作。

4）基坑开挖施工过程，加大了基坑监测力度，对第三方和施工项目部数据第一时间进行对比分析。

（二）湖中钢管桩围堰施工质量管控

1. 控制难点、重点

艾溪湖隧道工程为深大基坑，公路隧道与地铁隧道叠层结构施工，全部采用基坑明挖形式施工，穿越艾溪湖湖面段采用双排钢管桩筑芯围堰，在围堰设计中采用多道防水措施。

2. 措施办法

1）为确保钢管桩施打纵、横向轴线，围堰钢管桩施工采取两侧同步施打的方式以便进行间距校正和轴向纠偏，最后在湖中合拢。

2）正式施打前，对进场原材料进行严格验收，并要求先进行试打，利用测量设备校正，插桩时确保锁扣对准，轴线方向设置控制桩，以保证施打位置的准确性。

3）施工过程中采用桩底标高和贯入度双控的方式，确保钢管桩入土深度不小于设计值。

4）土工织物的施工，重点检查原材料检验情况，确保搭接长度和焊接效果，预防出现渗水通道。双排钢管内填筑的土方为黏性土，施工前进行取样送检，黏土芯墙填筑土方要求分层进行，控制好填筑厚度。

（三）工程观感质量管控

1. 控制难点、重点

隧道工程观感质量是工程成型后对整体质量的总体评价，是整个工程对工程设计效果、使用功能、工程安全的一个综合评价。

艾溪湖隧道工程涉及观感质量的部位主要有：沥青路面、防撞墙、防火板和搪瓷钢板等项目，涉及控制面又多又广，为确保隧道施工完成整体行车舒适度和视觉效果，每道工序实行前均需进行样板先行控制，以保证整体效果美观、得体和统一。

2. 措施办法

1）沥青路面观感质量控制

（1）原材料作为沥青路面施工的重中之重和首要任务，其质量好坏直接影响摊铺效果及使用年限。

（2）在沥青路面大面积施工前需要进行试验段施工，明确相关的施工技术参数。

（3）施工过程中沥青标高、碾压温度、碾压遍数、接缝的处理碾压都是沥青路面平整度控制的关键。

（4）摊铺沥青的细部处理工作，尤

艾溪湖隧道监理部安全类学习培训情况统计　　表7

项目内容	频率
涉及安全类施工方案	63份
涉及安全类监理实施细则	44份
监理内部组织学习安全类方案、细则	107次
监理部内部安全生产学习培训	16次

艾溪湖隧道基坑监测工作统计表　　表8

项目内容	监测频率
施工单位基坑监测日报核查	2889份
施工单位基坑监测周报核查	382份
第三方基坑监测日报核查	488份
第三方基坑监测周报核查	241份
监理部比对分析基坑监测报告	488份

其是与检查井井盖、收水口和路平石之间的衔接，监理部需全过程跟踪旁站处理效果。

2）隧道防撞墙观感质量控制

（1）防撞墙施工质量首先取决于模板本身，对于标准段的实施需采用钢模，且其制作尺寸、分段长度、加固措施都需进行专门的模板设计。

（2）施工过程中，应严格按照放样的点位进行模板安装，平曲线及竖曲线的位置点位放样应加密至5m一个点，平面直线段10m一个点，通过带线、测量来控制直顺度。

（3）此外，对于防撞墙侧面转角等部位，很容易在浇筑过程中因漏振、振捣时间过长等原因出现蜂窝、麻面、砂线等质量问题，所以在浇筑过程中需重点监控查看。

（4）对于模板拆除后混凝土表面易出现气泡的现象，可采用木锤在浇筑振捣完后对模板外表面进行轻击辅助振捣。

3）隧道防火板观感质量控制

（1）防火板外观质量控制，主要影响因素在于基面处理效果，基面不平，会造成防火板表面凹凸，影响外观质量。

（2）其次防火板材安装过程中应严格按照要求控制好相邻板之间的拼缝宽度及错台量，对接过程避免形成较小累计误差空隙。

（3）防火板喷涂防火漆尽量安排大面积统一进行，由一端往前叠合推进，喷涂过程需控制好喷涂遍数，不得漏喷。

4）隧道搪瓷钢板观感质量控制

（1）搪瓷钢板安装的外观质量直接影响整个隧道内部的美观，由于搪瓷钢板为光面，轻微的凹凸都会造成视觉上的瑕疵。

（2）搪瓷钢板骨架安装的质量决定了搪瓷钢板的平整度，骨架之间突出平面位置需做严格把控，平直段放样按10m一段，圆曲线段适当进行加密。

（3）搪瓷钢板安装后，均匀的缝宽会提高搪瓷钢板的外观品质，搪瓷钢板完成后需检测缝宽，并进行微调，确保横平竖直，缝宽统一。

（4）为了更加突出搪瓷钢板及防撞侧石的整体美观，搪瓷钢板底部外边和防撞侧石顶部外边需结合防撞侧石上口外边线作为搪瓷钢板立面顺直度控制的基准线进行控制。

五、监理工作总结

艾溪湖隧道项目工期要求紧迫，多点、多面同步施工，根据在湖东二期施工进度控制方面和隧道内工序交叉干扰方面的案例，监理部进行总结，具体情况如下：

1.湖东二期施工进度控制

艾溪湖隧道湖东二期基坑长465m，受制于上部110kV高压线影响，公路隧道主体结构于8月中旬开始正式施工，11月底完成封顶，历时3个半月。全过程一直处于赶工状态，组织协调极为困难，实施过程中从以下几个方面进行进度把控改进：

1）组织方法改进

合理划分施工段落，分段组织流水作业，针对湖东二期施工工期紧迫的特点，项目部采取三个劳务班组分段组织流水施工，根据各班组施工效率划分各自施工段落，确保每个施工段上的劳动效率大致相近，形成连续、均衡有节奏的流水施工作业。

2）设计方案优化改进

公路隧道原设计横向支撑需贯穿中隔墙，致使高支模支架搭设缓慢，且影响侧墙模板拆除进度，为有效提高施工效率，项目部提出将横向支撑变更为斜抛撑，极大地缩短了侧墙模板拆除和支架搭设时间。

3）工序压缩改进

为确保湖东二期主体结构的施工进度，为后续装饰装修和机电安装争取时间，主体结构的施工资源按照一次性需求量供应，支架搭设及顶板模板均采取一次性利用，不考虑混凝土等强材料重复利用问题，极大地缩短了施工时间。

2.场地布置控制

1）场地平面布置合理，提高效率

工程项目开始前，需重视整个项目施工平面布置的审查，尤其是施工便道的布设，艾溪湖隧道在施工过程中面临施工便道过窄、施工高峰期便道堵塞，相关工序无法正常实施的情况。

2）改进建议

（1）首先应保证便道成环形布置，单向通行，以减少便道过窄造成的车辆会车困难，并在有条件的情况下，增设横向连接便道。

（2）在场地条件允许的情况下，至少需保证施工不少于2个车道，并在适当距离再增加错车道。

（3）对于各种需横穿施工便道的排水管、电缆管等，在便道施工过程中增加预留通道进行埋设，避免后期各种管道从便道上部横穿，影响正常施工。

3）心得总结

施工现场合理布局，对于整个项目的正常运行起到了至关的重要，不光是简单的施工机械可以通行、施工用电能够接入就行，满足现场各道工序施工需求的状态才是最佳布置，需在前期充分论证和考虑。

3. 各项工序交叉施工控制

1）隧道内工序交叉施工影响

主体结构施工完成后，隧道内防撞侧石、沥青摊铺、机电设备、防火板和搪瓷钢板等各道工序施工交叉影响严重。

2）改建建议

（1）首先，在主体结构完成后及时完成防撞侧石的施工，为后续机电设备预埋件及给水管安装提供作业面，也为搪瓷钢板安装提供基准面。

（2）其次，防火板在具备作业条件后可优先施工，且先行施工侧墙上部防火板为机电设备的预埋提供作业面，同时，也减少后续防火板表面喷漆的污染。

（3）搪瓷钢板的面板可作为最后一道工序施工，过程中其他工序施工损坏、收边收口的异型板加工等都会造成搪瓷面板无法全面施工。在过程中需提前确保龙骨安装到位、面板等材料提前生产运输到场，这样最后面板安装才会较为快捷。

（4）安装搪瓷钢板龙骨安装完成后，机电设备可大面组织一次性安装到位。风机安装需等防火板安装到位后再进行固定安装；侧壁缆线的安装可在搪瓷钢板挂板前穿缆到位。

结语

施工进度控制是有条不紊的，盲目增加资源、人力投入往往并不能起到积极作用，有时甚至会适得其反。合理安排各道工序之间的搭接，组织分段流水作业，做到尽可能利用工作面进行施工，才能更好地提高施工效率。

参考文献和资料

[1] 艾溪湖隧道工程设计文件及图纸.
[2] 艾溪湖隧道项目相关监理实施细则.
[3] 中国建设监理协会.2021年监理工程师考试用书：建设工程监理概论[M].北京：中国建筑工业出版社，2021.

红谷隧道监理实务
——基于核心要素的精细化管理研究与应用

刘 卫　杨国胜　何晓波　刘 勇

江西中昌工程咨询监理有限公司

摘　要：随着建筑市场形势的变化，以往的监理工作方式已满足不了当前的项目管理要求，需要优化改进监理工作方式，通过核心要素来规范监理的工作行为。本文以南昌市红谷隧道工程为实例，从组织建设项目的核心化、层次化和专业化，严谨缜密的工作筹划为工程的有序、高质量完成提供基本保障，严格按照标准工作流程实施是工程控制成效的核心，坚持维护是工程项目不断修正、调整自我完善的必要工作等方面论述核心要素的精细化管理方法及应用效果，以创精品工程。

关键词：监理；要素；精细化；精品工程

引言

项目管理是在项目活动中运用专门的知识、技能、工具和方法，使项目能够在有限资源条件下，实现或超越设定的需求和期望的过程。项目管理主要由筹划、组织、计划、控制和维护等要素组成。工程监理在项目管理过程中属于相对独立的第三方高智能服务，起到重要的监督管理作用。随着建筑市场形势的变化，以往的监理工作方式已满足不了当前的项目管理要求，需要优化改进监理工作方式，提升监理工作水平，以适应市场需求。本文将以南昌市红谷隧道工程为例，探讨如何从核心要素的精细化管理出发提升监理工作水平。

一、南昌市红谷隧道工程简介

1. 工程概况：南昌市红谷隧道工程为目前国内内河规模最大的城市道路双向六车道沉管隧道，工程总造价约29.8亿元，主线隧道全长2650m，匝道总长2510m，江中段为直线沉管隧道，总长1329m。沉管分12节，横断面为双孔中间一管廊的矩形钢筋混凝土结构形式，结构外宽30m，外高8.3m。东西两岸采用水下立体交通，暗埋段施工采用长管袋冲砂围堰。

2. 工程特点：①沉管施工为水上作业，邻近社会航道，影响因素多。②管节浮运和沉放受水文气象条件影响大，且每年呈周期性，施工窗口期短。③整个项目工程体量大，分多个分部协同作业，各分部之间的工程进度相互制约。④管节防水施工质量要求高。⑤管节沉放时定位精度要求高。⑥基槽炸礁与主航道交叉，社会航道需要进行多次导改。

3. 工程难点：①国内沉管隧道暂无施工质量验收标准，且没有相关的施工监理管理用表可参考。②存在部分定额缺失，需要重新组价，编制定额，工程造价管理难度大。③东岸水下立交采用深大异型基坑分层施工匝道，施工难度大，临江深大基坑范围大，基坑开挖深度近30m，风险大；暗埋段端头钢管桩割除需采用水下切割；基槽岩层开挖需采用水下爆破作业。④工期控制难度大，需统筹考虑各分部之间的进度。⑤周边环境影响大，管节浮运要经过三座大桥，周边过往船只多，浮运距离长，赣江丰水期水流速度大、风险高。

二、项目组织建设的核心化、层次化和专业化

总监理工程师由监理公司法人授权，行使监理合同赋予监理单位的权利，履行监理单位的职责，全面代表监理公司向业主负责。总监理工程师的工作能力直接关系到工程项目监理工作成效，甚至影响工程建设质量的好坏，所以一个项目的成败在于项目管理的核心——总监理工程师。总监在履行其职责、权利的基础上，需要有组织协调能力强、预控筹划能力强、应变应急把握分寸的能力强、控制维护持续改进的能力强等素质。

工程项目监理部组建时，需充分考虑监理部人力资源的配置。紧紧围绕管理核心，多专业、多层次配置人员。专业化体现为专业分工，要求专业监理工程师对本专业的监理业务熟练，专业素养高，各专业岗位配置齐全。在人员配置上按照"中年人为主，青年人为辅，年龄中、青相结合"的原则配备。管理上的层次化体现为由上到下依次配置、职责明晰、分工明确，又有机统筹结合，并邀请沉管法施工的相关专家成立专家组，在技术上给予监理部强有力的支持。

三、严谨缜密的工作筹划为工程高质量、有序完成提供基本保障

工作筹划一般意义上是指监理规划，现实工作中很少有人真正重视，基本上是采用统一的模板进行复制，没有结合工程项目的特点进行编制。在常规的工程监理活动中往往忽略了项目管理的前期策划。但在重大项目管理时，需打破常规，紧紧抓住管理要素的核心，以监理规划作为工程监理工作的纲领性文件，通过监理规划指导整个项目监理工作的开展。

一个真正好的总监尤其是大项目的总监，应充分意识到监理工作的开展离不开缜密的工作筹划。它体现的是整个项目监理工作的统筹安排、自身要求和行为标准。项目监理工作行为标准的建立为达到预期和控制风险提供基础平台。以红谷隧道为例，项目正式开工前和开工后的3个月到半年期间，是总监最为煎熬的时期，工作内容有熟悉现场和技术文件、落实人员安排及组织计划等。总监的工作落到细处可为工作标准提供基础，进一步细分，如表1所示。

通过严谨缜密的工作筹划，使监理部管理人员清晰明了地掌握各阶段的具体工作，同时，可使监理人员了解自己工作中存在的缺陷。

四、严格按照标准工作流程实施是工程控制成效的核心

标准工作流程是规范化作业的准

总监对工作的统筹安排 表1

序号	分类	项目内容	达到的标准	时间周期	落实责任人
1	人员组织类	业主单位	1. 人员到位； 2. 提交工作计划或监测大纲； 3. 提交相关资质材料； 4. 提交相关合同； 5. 建立一个或若干个工作群	涉及此处工作1~2个月	总监
		监理单位			
		施工单位			
		设计单位			
		第三方监测单位			
		第三方水上检测单位			
		常规检测单位			
		设计咨询单位			
		财政造价咨询单位			
		科研单位			
		专业分包单位			
2	工程管理类	项目的工程管理制度	包括在合同中体现奖惩制度及各种流程要求，达到的标准或条件	正式开工前	总监、总工
		分部分项划分		正式开工前	
		工程管理存档目录	便于细化项目管理名目，对组卷装盒统一管理	在分部分项完善后	
		工程监理施工管理流程统一用表	各参建方的责、权、利体现在管理流程的表格中	逐步调整增加	

续表

序号	分类	项目内容	达到的标准	时间周期	落实责任人
3	精细化标准化作业类	监理细则	根据分部分项制定出计划完成表	开工后1个月根据图纸完善程度提交计划表，3个月后每2个月更新一次工作任务表	各驻地、各专监、总代、总监
		监理旁站记录			
		工序分解			
		样板验收			
		条件验收			
		施工专项方案及专家评审方案			
4	环境管线调查	红线范围	确定红线范围	开工前	环境专监、管线专监、总代
		交通导改方案	明确交通导改方案	开工前	
		管线导改清单及工作计划	提交导改清单及迁改计划	开工后	
		环境评估	提交环境评估报告	开工前	
5	安全文明施工风险管控	重大风险源识别	列出重大风险源	分部分项工程开工前	安全专监、各驻地、总代
		风险评估	分类、分级	分部分项工程开工前	安全专监、驻地、总代
		重大风险专项方案及专家评审类	方案通过审批及专家评审	重大风险的分部分项工程开工前	各驻地、总代、总工
		重大风险源提示	日常提示现场存在的风险源	日常	各驻地、安全专监
		现场安全检查整改	落实日巡、周检、月检制，发现问题限期整改，安全问题消除后进行验收	日常、每周、每月	各驻地、安全专监、总代
		预、消警类	建立预、消警制度，确定报警值及消警管理办法	监测达到报警及监测数值收敛	测量专监、各驻地、总代
		应急演练类	切实提高现场应急处置能力，达到演练预期目的	每季度演练一次	安全专监
6	进度计划	施工总（年/月/周）进度计划	满足合同要求	开工后1个月内（年/月/周）	各驻地、总代
		施工进度统计类	提交进度统计报表	每月	各驻地
		施工进度分析及纠偏措施类	提交进度分析报告	每月	各驻地
7	造价	工程造价指标分析类	提交各经济指标分析报告	每周	计量专监
		造价指标统计类	提交各项目的综合单价	每周	
8	维护控制及各项统计用表	监测监控统计类	日常提交报表	日常	测量专监
		工作完成情况统计类	日常提交工作完成情况统计表	日常	各驻地
		每周周报	每周提交施工监理周报	每周	各驻地、各专监
		重大安全质量问题周汇总	每周提交现场存在较大的安全质量问题的汇总表	每周	各驻地、各专监
		日常每个工作面形象表	日常提交形象进度表	日常	各驻地
		每周每个工作面形象表	每周提交周形象进度表	每周	各驻地
		工作月度统计表	每月提交监理工作统计表	每月	各驻地、各专监
		内部例会制	每周召开内部监理例会解决每周监理工作中存在的问题	每周	总监、总代、各驻地、各专监
9	科研	重大技术难点	确立科研课题	开工后、半年内	总监、总工

绳，它指导着每一位监理人员的日常工作。标准工作流程的建立要做到：让每个人明确知道工作流程；让每个人知道工作质量标准是什么；让每个人知道项目管理实施过程中控制性表格涵盖的内容；规范各参建方的行为，明确各参建方的工作内容。在有明确的作业标准后，严格执行标准工作流程，方能达到管理者的预定目标，获得良好的成效。

1. 工程质量控制标准工作流程

工程质量控制流程：明确设计图纸→依据设计图纸要求，规范管理体系文件，细化分部分项工程划分→深化分析工程重难点，明确质量关键要素，设置控制点→结合重难点编制监理细则→分部分项工程施工前编制专项施工方案→做好工序分解，使每位监理员及时掌握工序控制要点→做好关键分部分项工程首件次样板验收→落实试验检测制度，严控原材料及施工质量。

（1）规范管理体系文件，细化分部分项工程划分

开工前，监理编制了项目工程管理制度，在施工过程中不断更新修订，明确了相关工作流程，细化了工程相关表格 11 项、各施工用表 266 个；分部分项工程多次讨论进行了划分，其中划分 8 个子单位工程，22 个分部工程。

（2）深化分析工程重难点，明确质量关键要素，设置控制点

公司组织了总师室对红谷隧道施工中的重难点进行分析。着重分析了红谷隧道施工过程中的大体积混凝土裂缝控制、钢端壳安装、管段浮运、管段沉放安装、管段基础灌砂、水下立交施工等工序，明确了应对措施，取得了良好效果（表 2）。

（3）结合重难点编制监理细则

结合工程重难点及分部工程特点专门设置了控制点，并在总监理工程师的组织下编制监理实施细则 53 项，明确了监理程序及控制方法。结合监理细则制定施工旁站监理记录表格，翔实记录旁站监理要点，使得工程进程具有可追溯性。

（4）分部分项工程施工前编制专项施工方案

针对分部分项工程及工程重难点，施工前要求施工单位编制专项施工方案，对施工方案中的施工工艺方法，施工方案的可行性，方案中主要的受力计算的正确性及施工工期布置的合理性进行仔细审核。目前，共审批 71 个专项方案。

（5）做好工序分解，使每位监理人员及时掌握工序控制要点

在工序分解表中详细说明了监理控制要求、质量标准及控制方法，图文并茂，简单易懂。通过每道工序的分解表，使每位参建员工能立即掌握各工序的施工控制要点及控制方法。共编制工序分解表 34 项。

（6）做好关键分部分项工程首件次样板验收

在明确施工监理实施要点同时，各分部工程实施过程中落实首批次样板验收制，起到样板先行、指导施工的作用。项目共完成样板验收 15 项（次）。

（7）落实试验检测制度，严控原材料及施工质量

监理部审批了试验检测单位的资质。承包方100%进行自检。监理时，由第三方检测单位另外抽检30%。总之，试验工程师跟踪第三方抽检和严格审核承包方的自检。所以，试验和检测报告内容和数据真实可靠，能成为工程质量控制、验收的主要依据之一。

2. 安全控制标准工作流程

明确设计图纸→细致梳理施工风险点，明确施工风险源→做好风险评估，量化风险源的发生量及发生概率→编制安全专项方案及专家评审→严格落实条件验收制，确保高风险分部分项工程施工安全→从细节着手，强化风险管理→严抓过程检查，跟踪高风险源不松懈。

（1）细致梳理施工风险点，明确施工风险源

施工前依据设计图纸，细致梳理出施工范围内存在的施工风险点，明确风险源，该项目确定的风险源共计 66 项。风险识别是施工安全管理工作的第一步，是建立施工安全意识的基础。

（2）做好风险评估，量化风险源的发生量及发生概率

确定施工风险源后，组织专家针对风险进行评估，确定风险的发生量及发生概率，并形成风险评估报告，用于指导现场的安全施工，同时也是编制施工安全专项方案的依据。

建立量化风险源清单，其内容包括风险名称、发生位置、风险因素（可能成因）、风险损失（不得影响/危害后果）、等级、处置负责单位等。

（3）编制安全专项方案及专家评审

完善风险源评估后，重大风险项目施工前要求施工单位编制安全专项方案并组织专家评审。目前，红谷隧道工程已批准安全专项方案 13 项。

（4）严格落实条件验收制，确保高风险分部分项工程施工安全

针对风险较高的分部分项工程施工，严格落实条件验收制度。干坞开挖、基坑开挖、管段试浮检漏、基槽炸礁、管段出坞浮运、管段沉放等重大风险的

工程重难点及其处置效果   表2

序号	分部名称	重点难点	采取的措施	处置成效
1	大体积混凝土工程	大体积混凝土施工时的温度控制	1. 对混凝土配合比设计研究，调整水泥用量，降低水泥水化热； 2. 搭设材料贮存棚，减少夏季由于太阳对砂石材料暴晒； 3. 施工过程中，根据外界温度情况采用冷却水拌合混凝土，并对原材料进行降温处理； 4. 对大体积混凝土施工时埋设温度监控元件，观察混凝土内部温度变化情况，随时调整外模拆除时间； 5. 埋设冷却水管并采用储水养护	管段制作温度裂缝控制良好，管段预制阶段克服了管段裂缝问题
2	钢端壳	钢端壳制作精度要求高，每延1米不能大于1mm，整体不能大于3mm	1. 对钢端壳生产加工厂家进行审核，必须具有相关的生产资质和生产加工能力； 2. 到加工厂家进行原材料的检查和加工质量的监督； 3. 邀请有相关资历的专家，召开钢端壳安装的专题讨论会，明确质量控制要点； 4. 要求分包单位细化安装焊接方案，确保焊接时支架体系的稳定性，保证焊接成型的钢端壳在混凝土浇筑时不变形； 5. 邀请钢端壳生产加工厂家到施工现场进行面板安装的指导，进行面板焊接设计，确保面板焊接后的平整度	已浇筑的钢端壳安装精度偏差仅3mm，满足设计要求。管段钢端壳制作精度保证了管段沉放对接精度
3	管节浮运	1. 浮运航道窄，浮运控制精度要求高； 2. 浮运风险因素多，风险量大； 3. 浮运航线长，封航压力大； 4. 南昌大桥车流量大，交通管制压力大； 5. 管段浮运窗口期短，浮运压力大	1. 在管节浮运过程中采用GPS系统对管段姿态进行实时测量定位； 2. 针对通过桥梁无GPS信号处采用惯性导航系统监控管节姿态； 3. 组织专家对管节浮运施工方案进行评审，并细化施工措施，充分论证管节浮运方案； 4. 每次管段浮运针对浮运条件进行验收，保证管节浮运安全； 5. 浮运过程中对管节浮运区段的航道进行封航，并安排戒艇进行护航警戒； 6. 通过各大桥时安排人员进行瞭望及降低管节过桥速度，缓慢通过；针对通过风险较高的南昌大桥时，对南昌大桥进行交通管制； 7. 管节回旋进基槽采用腰缆定位回旋，进入基槽后解除腰缆，保证管段安全	1. 浮运航道长8.5km，疏浚方量130万m³，6个月内疏浚完成，期间最高投入13艘船机设备进行疏浚，航道内无浅点； 2. 管节浮运前，航道疏浚确保航道内无浅点； 3. 前期6节管段安全可控地完成了浮运施工
4	管节沉放安装	1. 管段沉放安装精度要求高，控制难度大； 2. 水下作业难度大； 3. 临水作业安全风险高	1. 管节沉放对接过程中采用全站仪测量系统和GPS监控系统对管节沉放姿态进行监控，两套系统数据相互校验，保证测量准确性； 2. 管段沉放到一定位置后潜水员进行水下探摸，检查管段间的相对关系，指挥人员根据探摸情况对管段姿态进行微调，确保管段对接精度； 3. 水下作业派遣经验丰富的潜水员进行水下探摸，潜水前对潜水设备进行全面检查，形成检查记录，潜水作业时安排潜水医生、潜水监督、信息员等全程跟踪； 4. 水上作业人员统一要求穿戴救生衣，救生艇、交通艇全程待命； 5. 水密门开启前第三方检测单位再次确认GINA带压缩情况，并敲击封门检测是否有接头间隙水	已沉放的四节管段的轴线偏差及累计轴线偏差均在设计要求范围内，管段轴线累计最大偏差3.9cm（设计要求5cm），单节管段轴线最大偏差1.7cm（设计要求3.5cm）
5	管节基础灌砂	1. 灌砂质量控制难度大； 2. 灌砂过程检测范围受限	1. 管段基础灌砂过程中第三方检测单位实时检查沙盘形成半径； 2. 管段灌砂时为保证管段安全，24小时全程检测管段姿态，发现管段有抬高立即通知灌砂船停止灌砂； 3. 灌注边孔时由于压载水箱影响无法检测，通过潜水员探摸管边的外翻情况以判断灌注情况； 4. 压载水箱全部拆除后对整个管节的灌砂情况进行统一检测	已基础灌砂完成的四节管段均检测合格，充溢度达到92%以上（要求充溢度达到85%以上）。拆卸千斤顶后管段下沉量最大7mm（以往类似工法隧道下沉量为2cm）

分部分项工程施工前严格执行条件验收制。通过条件验收有效保证了重大风险项目施工的安全，降低了施工安全风险。监理部在该工程共召开23次条件验收会，形成了完整的体系文件。

（5）从细节着手，强化风险管理

切实履行现场日巡、周检、月检制度，及时发现安全问题，限期整改，定期复查，将安全隐患消除于萌芽状态。在风险管理程序上层层深入，确保措施可控。让各参建人员充分认识施工范围内的风险源及应对措施，针对风险较大的项目进行演练和安全监测，确保工程安全。目前，该工程针对风险管理落实项目情况如下：重大风险安全专项方案的评审、重大风险源的辨识与管理、风险点监测、针对施工风险源演练及评估。

（6）严抓过程检查，跟踪高风险源不松懈

重视上岗前的安全生产教育，严抓生产过程中的安全检查，高空作业进行安全防护，严抓水下作业前的条件验收和各项应急处置内容。

五、坚持维护是工程项目不断修正调整自我完善的必要工作

坚持维护从管理学角度上来说是一个"PDCA"持续改进的工作方法。工程项目建设过程中，通过持续改进螺旋上升的工作方法，不断自我完善。工程监理活动中的坚持维护的基本流程可以归纳为：编制统计表格→现场检查→整改→验收及再统计。通过现场各方面的统计（安全、质量、进度、组织、管理），发现现场存在的问题，进而有针对性地检查，分析问题原因从而限期整改，整改后进行验收和再统计，不断优化完善。

在施工监理活动过程中，为有效地维护监理活动，动态掌握工程现场进展，规范现场监理人员的行为，特制定了一系列日常施工监理用表。如监测监控统计表、工作完成情况统计表、周报表、重大安全质量问题周汇总表、每周各工作面形象进度表、监理工作月度统计表等。通过不断维护，促进监理人员管理水平和工作能力的提升，同时，有利于总监对工程项目进行有效管理把控。

六、取得的成效

通过深入研究项目管理核心要素，结合工程管理实际，以总监理工程师为项目管理核心，采取专业化、层次化的人力资源配置，提前严谨缜密地进行工作筹划，严格执行标准工作流程，坚持维护的管理模式。该管理模式在南昌市红谷隧道工程建设过程中，在质量、安全、进度、投资方面取得了显著的成效（表3）。红谷隧道工程监理部多次获得建设单位的好评，同时，该工程在市质监站组织的全市大检查中多次被通报表扬。

七、心得体会

1. 精细化管理提升监理服务质量

通过体系化、系统化的精细化管理有利于公司筛选人才，可起到优胜劣汰的作用，有效优化人力资源结构；有利于培养人才，通过坚持维护，发现自己的不足及时弥补，提升能力；有利于减轻项目管理压力，在标准工作流程的指引下，参建者的思路明晰，管理压力小；有利于项目风险的控制，通过坚持维护，将项目风险尽纳掌握之中。通过严格落实精细化管理能够促使整个团队短时间内整体提升监理服务质量，满足建设单位、建设市场的需求。

2. 科研紧密结合施工，科研成果指导现场施工

公司监理人员在施工监理过程中勇于钻研，通过学习钻研相关书籍规范，对施工方案进行审核，并对施工方案中的受力计算进行复核。在整个工程中施工紧密联系科研，基础灌砂、水流数值模拟和东岸岸下异型大基坑各工况受力分析的科研方面贡献尤其突出。通过水流数值模拟，提前掌握各地点各工况下的水流流速、流态，管理人员可提前预判和决策。通过管段基础灌砂试验，确定基础灌砂施工参数，指导现场施工。通过试验检验冲击映像法检测效果的准确性，在灌砂过程中依

项目管理取得的成效　　表3

序号	项目管理方面	取得的成效
1	质量方面	管段预制攻克了混凝土裂缝问题； 管段浮运及沉放安装前航道及基槽内无浅点； 管段沉放安装累计最大偏差控制在3.9cm内（控制值5cm）； 管段预制时钢端壳精度控制在3mm以内（控制值3mm）； 管段基础灌砂后沉降达到1cm内（以往隧道沉降均为2cm左右）； 红谷隧道工程先后获得了江西省"杜鹃花"奖，江西省优秀设计奖，省建筑安全文明样板工地，省五一劳动奖章，2018年度中国建筑行业工程质量的最高荣誉奖——中国建设工程鲁班奖，2019年度中国土木工程领域工程建设项目科技创新的最高荣誉奖——詹天佑奖，2019年度中国工程建设领域设立最早、规格最高的国家级质量奖——国家优质工程金质奖，2019年度江西省科技进步一等奖等诸多荣誉
2	安全方面	施工安全可控，无重大安全事故发生
3	进度方面	东岸围堰提前一个月拆除； 管段预制比原计划提前一个月完成，单个干坞管节预制工期由5个月压缩至4个月； 一期6节管由原计划5个月完成浮运施工，实际仅64天完成，创下了沉管施工的奇迹； 西岸岸下结构如期完成，按时提供基槽炸礁工作面
4	投资方面	主要设计变更，设计变更文件约14份；技术核定单共有299份；签证206份，概算金额329138.09万元，合同金额294988.5万元

据实时检测,优化基础灌砂施工工艺。在施工监理过程中不断探索、总结,并及时完善,形成成果。东岸岸下异型大基坑为水下立交部分,施工中存在大高差、不对称开挖,且结构异型受力复杂,通过科研工作中的模型分析各工况的受力状况,优化开挖方法,确保了东岸岸下大基坑开挖的安全。

3.规范监理工作行为提升监理工作水平

通过规范化的标准工作流程,使监理人员能够及时掌握各阶段工作内容,且明确各阶段完成程度。明确的施工监理标准提升了监理工作水平及工作效率。施工过程中常遇突发情况,如干坞开挖涌砂、深大基坑预警、浮运过程中钢缆断缆、沉放过程中GINA压缩异常等。在遇到种种突发事件时,按照标准的应急处理流程:沉着应对并冷静分析→寻找应对措施→对应对措施进行反复论证分析,最终均安全有效地解决了一系列突发事件,提升了公司监理人员的监理工作水平。

参考文献

[1] 卢向南.项目计划与控制[M].北京:机械工业出版社,2004.
[2] 杰克·吉多,詹姆斯·P.克莱门斯.成功的项目管理[M].北京:机械工业出版社,2004.
[3] 全国一级建造师执业资格考试用书编写委员会.建设工程项目管理[M].北京:中国建筑工业出版社,2018.

监理行业的发展与改革

杨红林　封国海

江苏建科工程咨询有限公司

摘　要：监理行业经过30多年的发展，为建筑行业带来的改变是积极向上的，但近年建筑市场对于管理风险、费用控制、时间效率等要求逐步提高，原工程管理模式下的监理短板被放大。为了顺应行业发展，国家相关部门相继推广试点全过程工程咨询（以下简称"全过程咨询"）。本文主要分析全过程咨询管理模式的实际运用，并对全过程咨询管理的优势进行简要探讨，希望能为全过程咨询模式的发展与推广提供参考意见。

关键词：全过程工程咨询；监理；工程管理

引言

全过程咨询与传统的管理方式相比，管理更集成、更精细、更专业、更高效。本文以南京市妇幼保健院丁家庄院区建设项目为例，简单阐述全过程咨询在实际项目中发挥的作用和产生的效益。

一、项目概况

南京市妇幼保健院丁家庄院区建设项目（以下简称"该项目"），位于南京市栖霞区，规划总建筑面积约29.5万 m^2，其中，地上建筑面积约15万 m^2，地下建筑面积约14.5万 m^2；设计床位1200个，投资额逾30亿元；于2019年底开工建设，2024年6月竣工交付。

二、全过程咨询组织体系

针对该项目合同内容和项目特点，建立由项目负责人统筹管理的前期协调部、招标采购部、造价咨询部、监理部、设计咨询部、合约部和综合办公室共计7个职能部门的扁平化管理体系。该组织架构减少组织层级，便于项目负责人了解各职能部门的运行情况，有效降低各职能部门间协调的难度，加快信息传递速度，减少信息传递失真的现象，对项目管理效率有显著提升。管理难点在于加重了管理人员的工作负荷，且对管理人员的素质要求较高。

三、全过程咨询的主要内容与特点

（一）服务内容

以该项目为例，服务内容主要包括：施工图设计及专项设计配合管理、招标代理、造价咨询、工程监理及其他（包括绿色建筑三星咨询、WELL金级认证咨询、工程检测、能效测评咨询）等。在实际运用中业主可针对自身项目特点自由选择服务内容，以达到为项目增值的目的。

（二）主要特点

1. 管理集成化：改变因多头交叉管理而导致的产业链碎片化现状。

2. 管理精细化：管理精细化与管理集成化相辅相成，减少了各单位间工作边界不清导致的管理混乱现象。

3. 高效管理：解决管理碎片化问题，有效降低沟通、时间、建设、风险等成本，增强质量、安全、成本、工期的可控性。

4. 降低管理风险：业主退后监督，全过程咨询单位组建专业化管理团队承担管理责任，有效规避业主风险。

5. 专业化：全过程咨询服务作为"桥梁"，有效联系、沟通和管理参建各方，大幅度减少业主日常管理工作和人力资源投入，弥补不熟悉工程业务的业主的知识缺陷，为熟悉工程业务的业主提供方便。

6. 项目增值：全过程咨询服务更全面，可以为业主提供全面且专业的决策建议和方案优化思路，达到为项目增值的目的。

四、全过程咨询的价值体现

（一）控投资成本（部分成果）

1. 优化幕墙设计方案。经详细节能计算，若取消次要立面的中置百叶等，既能控制造价又能满足绿色建筑三星及WELL金级认证。该建议被采纳后节省约1346万元。

2. 优化C地块支护设计方案。经过综合分析建议，将基坑围护结构优化为分区域采用混凝土钻孔灌注桩加一道钢筋混凝土支撑、两道预应力锚索、双排桩，桩间挂网喷浆等形式，并优化了施工顺序提高基坑开挖效率。该建议被采纳后，共节约成本2500万元。

3. 优化抗浮锚杆方案。地下室底板采用抗浮锚杆，结合桩端持力层特征，综合比较普通锚杆、预应力锚杆等各类抗浮方案，建议采用工艺技术更稳定、造价更合理的普通锚杆形式，该建议被采纳后，节省约374万元。

（二）控建设周期

1. 并联审批节省建设规划许可证办理时间约1个月。

2. 容缺办理节省施工许可证办理时间约1个月。

3. 在疫情、限电、限产三重因素影响下，充分体现出全过程咨询模式下工程管理的韧性，建设方、咨询方、施工方始终围绕最终工期目标，根据当下形势预判事态发展，不断优化施工规划，合理利用组织、管理、技术、经济等手段，确保工程顺利进展，满足业主方工期要求。

（三）控质量，抓安全

1. 设计阶段：组织专家对设计文件进行专业审核，对结构安全、建筑布局，以及机电功能合理性和安全性进行审核。

2. 实施阶段：事前精心组织招标，确保施工单位资质实力能满足实际施工需求，在此过程中建立并逐步完善供应商名录，对行为不良的单位予以记录，在后续工作中重点关注。施工阶段，主要核查人员履职，方案编制与审核，培训教育和技术、安全交底等，并形成相应的检查记录。过程中以监理为主控制质量、进度、费用、安全等，造价部、合约部、设计部等其余部门与监理信息共享，形成联动管理，确保管理的闭合性、及时性和有效性。

（四）BIM信息化技术应用

1. 建立项目全专业可视化模型，准确表达设计意图，协助业主对布局、造型、功能的合理性进行考量。

2. 针对施工图纸的深化建模，共发现建筑结构碰撞37处，幕墙预埋件冲突82处，机电管综深化256处，改变了传统二维图纸碰撞不能及时发现的问题，减少了不必要的返工。通过三维模型可视化优点，可以辅助设计，更合理、更高效利用顶部空间排布管线，对于控制吊顶标高极为有利。

3. 利用BIM技术三维属性进行施工场地管理，提前查看场地布置的效果，准确得到道路的位置、宽度和路口设置，以及塔式起重机与建筑物的三维空间位置，提前判断场地布置的合理性，也为后期施工方案确定提供了可视化解决方案。

4. 项目施工阶段做出的修改将全部实时更新并形成最终的BIM竣工模型，该竣工模型将作为各种设备管理的数据库，为运营阶段的维护提供依据。建筑物的结构和设备在使用寿命期间，都需要不断维护。BIM模型可以充分发挥数据记录和空间定位的优势，通过结合运营维护管理系统，制定合理的维护计划，从而使建筑物在使用过程中出现突发状况的概率大为降低。

（五）为建设方项目管理痛点提供解决方案

1. 建设方痛点

1）构建引导项目决策、实施及营运全过程的管理体系。

2）发包前要提供合理、完整、详细的需求。

3）发包前需要编制合理造价指标估算体系。

4）采购报价合理、能力匹配的工程总承包商。

5）具备实现三大目标（成本、质量、进度）的综合项目管理能力。

2. 解决方案

1）通过提供覆盖建设工程全生命周期的工程咨询管理服务，帮助工程总承包模式下的业主方对项目建设实现有效的全流程管理控制。与业主方组成优势互补的协同管理团队，通过完善的管理制度和工作流程、适合的管理工具和专业化的技术决策，组织与实施各项工作。

2）利用以往项目经验、数据资料等自身优势，引导业主提供完整、合理、详细的功能需求、建设标准、建设周期等要素，通过蓝图描绘、数据分析等方法，与业主一起将其建设意图真实准确表达，这是实现建设目标的具体体现，也是工程总承包按"约"验收的依据。

3）利用熟知与项目投资估算有关的指标、数据资料及市场行情等自身优势，按照项目的功能需求、建设标准、建设周期等目标，合理运用投资估算方法，可准确估算项目所含的单位工程工程量、主要设备清单、工程建设费用及工程建设其他费用和基本预备费用等，编制限额设计清单，明确目标成本，使项目投资估算能够真正作为项目总投资管控的目标限额。

4）全过程工程咨询提供覆盖建设工程全生命周期的工程咨询管理服务，能够帮助工程总承包模式下的业主方对项目建设实现有效的全流程管理控制。

5）能充分运用自身集成优势，细化投资目标分解和标段划分安排，制定招标文件、招标控制价款、评标定标办法、合同义务责条款等，通过充分竞争，择优选定承包商，并在合同签约前对投标文件进行分析研究，防止和纠正"不平衡报价"，防止实际发生价款超出合同签约价现象出现，可以有效减少工程实施过程中的变更、签证、索赔现象及造价纠纷发生。

结语

以该项目成果经验综合分析，全过程咨询模式可带来以下"三省两提升"作用：

1. 省钱：提供各专业优化建议或方案；限额设计+造价动态过程管理。

2. 省时间：避免碎片式招标；节省各环节按程序等待的时间；统筹管理缩短工程周期。

3. 省心：转移责任风险；避免多方博弈；降低组织内耗。

4. 提升质量及品质：明确各方工作界面，使其主要精力投入本职工作；全过程咨询模式管理集成化、专业化，能从源头把握质量脉搏，过程中对症开方，保证成品的质量及品质双提升。

目前，建筑市场全过程咨询模式的项目占比不高，该模式仍处于推广发展阶段，为获得市场认可，仍需政府及主管部门建立和完善全过程咨询整体性法律体系，明确法律责任和法律地位，并出台相应的招标投标管理办法、合同备案制度、服务收费办法；行业协会配套建立全过程咨询规范体系，健全诚信标准和评价体系，组织开展课题研究及行业培训，规范行业行为；企业建立企业标准，打造品牌影响力，调整企业内部管理机制，加强人才储备和信息化技术应用。

援外成套项目进度管理分析及对策

牛 冬

西安四方建设监理有限责任公司

摘 要：近年来，随着我国经济实力的不断增长，综合国力不断增强，对外援助项目也在增多。但因为大部分受援国经济条件较差、个别地区政治不稳定，再加上国内很多企业没有充分认识到援外项目的困难，如文化不同、技术标准不同、语言障碍、安全威胁、当地材料短缺等各种在国内无法想象的困难，导致部分企业在援外项目实施过程中遇到很多问题，从而进度无法保证。本文确定了援外成套项目进度管理，说明了援外成套项目特点、进度管理现状和存在的问题；结合存在的问题对援外成套项目影响进度的因素进行了分析，根据分析的结果提出了对策，为以后援外成套项目进度管理提供经验。

关键词：援外成套项目；项目管理；进度管理；对策

一、援外成套项目进度管理现状

（一）进度管理在援外成套项目中的地位

援外成套项目进度管理，根据合同制定总进度计划，结合项目实际编制年度计划、专项计划等分级计划；进度执行过程中，对比实际进度与计划进度的偏差；分析原因，采取纠偏措施，整个进度管理遵循PDCA（计划Plan，执行Do，检查Check，处理Act）循环过程。

援外成套项目中进度目标又与投资目标、质量目标、安全目标是对立统一的。加快进度会增加投资，而进度提前可以提高工程效益；加快进度有可能影响质量，而严格控制质量又可能影响进度，但减少因质量问题的返工又可以加快进度和减少投资；安全是项目管理的基础，任何阶段都只有保证安全才能体现项目管理的意义。进度、质量、投资、安全是有机的整体，项目管理就是要解决它们之间的矛盾。在保证安全的前提下，既要按照合同约定完成项目实施，又要节约投资、保证质量合格。因此，项目管理中进度管理是不可或缺的重要一环。

（二）援外成套项目进度管理现状

作者从事的援外成套项目位于西非某国，项目建成后主要用途为受援国外交部培养受援国外交人员和与其他国家间日常会议。项目建筑面积约4400m²，包含4个单体，总占地面积约3900m²。项目位于首都地区，周围遍布国家政府机关。项目考察时间是2019年10月，开工时间为2020年12月25日，计划竣工时间为2022年3月24日，项目实施期间正处于全球新冠疫情期间。项目参建的主要建设单位有：商务部经济合作事务局、受援国代表、中国驻受援国使馆经商处，还有管理单位和总包单位。

按照中方项目主管部门与总包单位签订的合同要求，项目应达到竣工验收条件。实际上，项目只完成4栋单体，而主体和二次结构施工仅达到中期验收的条件。

二、援外成套项目进度管理存在的问题及成因分析

进度控制是通过制定合理计划、平衡资源、组织和监控影响进度的因素来

保证项目按期完工。工程能否按期完工也是受援国、建设单位最关心的目标之一，同时也是项目管理单位执行力的主要体现。

（一）受援国存在问题分析

1. 因成套援助项目受援国基本都处于经济落后地区政府本身财政收入不高，对于《对外实施协议》中规定的义务、涉及费用的部分，多数无力承担。受援国在协议中又承担建设审批手续、施工临时用地、临时水电、取土场、弃土场等直接影响项目能否按期开工的工作，一旦协调不力项目将不能及时开工，或提供的条件与项目建设不匹配，必然造成工期的延误。

2. 非洲国家因政治体制与我国不同，国家内部各部门之间协调效率不高，导致一旦项目需要多部门协调时，扯皮现象严重。又因政府财政收入不高，公务人员收取小费现象严重。如作者所在项目属免税项目需受援国联络人协调海关、财政局办理免税事宜，结果因相关部门人员调离、收小费等现象，办理不顺利，导致从中国采购的施工机械、材料在港口滞港几个月之久，严重影响项目的正常实施。

（二）总包单位进度管理存在的问题分析

总包单位作为项目实施过程中的主体单位，对项目进度是否按期完成起到决定性作用。总包单位进度管理存在的问题分析如下：

1. 总包单位在投标阶段未对项目建设

度的要求，项目不允许劳务分包只允许专业分包，且分包队伍需在投标时一并提交，经合作局审查分包单位业绩、资质等符合要求后方可分包。因2019年全球新冠疫情暴发以来，国内政策导致大量专业分包队伍和专业施工工人无法出国，而已在国外的中国专业施工单位又因为疫情的影响成本大幅提高，而不得不提高报价。且项目中标后，总包单位迟迟不能确定精装、电梯、幕墙、消防等专业分包队伍，对工期产生了一定的影响。

3. 按照援外项目管理制度的要求，项目所有主材需经商务部合作局批准封样，在国内采购。受援国当地仅可以采购砂石、水泥等材料。国内施工企业关于材料管理通常为材料员要求各专业分包分别对各自承包范围的工程提交料单，再依据招标投标清单进行审核，因此，施工单位材料员对主材可以严格控制采购量和现场消耗量。但对辅材仅按照主材一定比例采购，如该项目在基础施工阶段主楼地下室外墙防水卷材到场后，作为保护层的聚苯板未采购，导致项目出现停工待料的现象。

4. 根据援外项目管理制度的要求，项目实施阶段材料清单中未列明的材料在报审后，可在当地采购。总包开工前未了解受援国当地材料供应和质量情况或仅参考以往项目所在国家的情况，以致对当地供应材料品种、规格、供应数量、价格全不知晓。当地材料的供应跟国家经济发展水平有关系，也跟当地与

场基础施工阶段钢筋绑扎完成后无模板施工，在当地采购的模板数量稀少、质量不高且价格昂贵，而为了能够保证正常施工，采购员不得不采购使用。因当地市场存货少，需采购人员多次在市场寻找，造成基础混凝土分部工程观感质量一般、造价严重超标，工期滞后。

5. 国内建筑行业主体施工过程普遍采取劳务分包，总包提供主材、机械等模式，装修阶段采取专业分包的模式。经过多年的发展，这种模式在控制工期、质量、造价方面均体现出了一定优势。但因援外项目的管理要求和项目开工阶段正处疫情期间，国内专业分包单位无法出国，现场主体和装修施工阶段只能采取招聘相关专业的中方工人带领当地员工施工的模式。中国在海外的施工单位均采取中方人员为管理人员和各工种领工，中方人员负责技术和管理工作，当地工人负责具体施工。

因国内疫情，原长期在国外从事建筑工作的工人无法出国，导致总包单位在招聘施工工人时，几乎无选择的余地，工人技术水平一般。新招聘的技术工人在语言、管理、技术方面普遍不能满足项目管理的需要，中方领工又与当地员工沟通不畅，技术上又不能指导当地员工，造成项目实施过程中质量偏差较大，整改较多，进度无法满足计划要求。

（三）管理单位进度管理存在的问题分析

管理单位在整个成套援外项目中主

制施工图，负责项目建设过程中与受援国的对外协调、项目的"三控三管"和内部协调。

1. 管理单位考察组一般考察周期在30天左右，因考察不够充分和了解当地资料不全面，造成对受援国履约能力不能作出正确评估。如考察人员依然按照国内项目分工，建设单位负责所有配套工程或仅参考类似项目经验，极易造成受援国政府无法履行协议中的义务，若项目在条件不成熟时仓促开工，无法保证质量、进度、造价等合同目标实现。

2. 在考察过程中对当地气候和针对当地气候特有的建筑做法了解不够，在项目实施阶段会造成大量返工，严重影响工期。如西非滨临大西洋处于赤道附近，形成了当地高温多雨的气候特点。作者所在项目年平均气温25℃，年降雨量最大6000mm，降雨集中在6—11月，针对这种气候设计就需在设计时考虑屋面防雨、室外金属制品的锈蚀问题等。

3. 因援外项目的制度要求，管理单位需具备勘察、设计、现场管理的能力。大部分管理单位单一部门无法满足整个现场管理工作的要求，需不同的部门人员组成现场管理组来实施管理工作。如设计部门提供设计代表，综合部门提供翻译、厨师，工程部门提供现场管理人员。不同部门的人如不能在岗前进行援外管理制度、岗位职责、图纸、管理合同的内部交底，将会造成管理组内部岗位之间沟通不畅，人员无法按照援外项目的要求工作。一旦按照以往的工程经验来管理援外项目将在对外沟通、内部协调、材料采购、设计变更等过程中出现一系列问题，给项目的概算控制、进度管理带来不利的影响。

（四）不可抗力对项目工期的影响

因援外成套项目的特点，决定了援外成套项目所处的国家贫穷、落后或战后重建的国家居多，所遇到的不可抗力与国内建设项目区别较大。

新冠疫情的影响，自2019年12月全球新冠疫情暴发导致各国航空停航、海运停船。对于援外项目建设来说项目面临施工管理技术人员从国内无法到达现场，项目需要国内采购的物资无法发运。受援国因疫情封城、宵禁等措施造成项目无法正常施工，中方人员生活、生命安全都受到了威胁。在疫情期间，援外成套项目均存在停工的现象，工期滞后严重。

受援国政局的影响。新冠疫情期间，原本就经济落后的国家当地人员大量失业，社会动荡给中方人员的生命、财产安全，项目物资安保均造成了极大的隐患。如作者所在项目在疫情期间，工地现场出现约50%脚手架钢管被盗窃的情况。当地无法采购只能从国内采购，使工程进度严重滞后。

三、援外成套项目进度管理问题对策

（一）建立援外成套项目进度管理动态体系

援外成套项目能否按期交付受援国，对于管理单位、总包单位不光体现在企业的综合实力上，更体现在政治意义上，所以必须有效地控制工程进度。通过设定合理的进度目标，不仅可以优化工程设计阶段的成本目标，同时，也可以在保证质量、安全的前提下，保证施工进度。进度的动态控制是在项目考察、设计及施工过程中通过主动控制、PDCA循环管理等对项目进行实时、具体、不断改进的控制，通过不断检查、评价对项目进度执行情况进行比较和修正的方法。进度目标的动态控制需对进度目标值和实际值进行多层次、多角度分析，找到出现偏差的地方，通过对偏差的分析，了解偏差产生的原因，进行相应处理。

管理单位作为援外成套项目的牵头单位，又是项目考察、地勘设计、现场管理的实施单位，项目总进度计划的编制和监督执行就尤为重要。总包单位编制的物资采购计划、施工进度计划需要与总进度计划匹配。

（二）管理单位进度管理的对策

管理单位在项目进度实施过程中，主要的影响阶段有考察阶段、地勘阶段、设计阶段和现场管理阶段。针对不同的阶段采取不同的措施。

考察阶段。根据考察报告的内容要求，考察组须将考察重点放在当地自然环境、受援国政府在工程建设领域的标准和管理规定、受援国政府履约能力和与受援国设计方案的确定上。确保这些资料的准确和翔实，一旦这些资料因考察不细致导致修改，有可能整个设计会被推倒重来，造成考察事故。针对当地材料供应、劳动力供应，则尽可能从长期在受援国的中资企业处获取信息。这样才可以保证考察报告真实、有效。

地勘阶段。受援国因经济条件较差和当地工程建设领域标准规范的缺少，地勘都是从中国派出。国内地勘可经过初勘、详勘在不同阶段实施来保证地勘的准确性，援外项目地勘因条件限制几乎都是一次将初勘、详勘完成。这就要求勘察人员在对场地勘察时要资料翔实、准确度高，避免因地勘的问题导致设计变更，继而影响工期。

设计阶段。设计人员在按照中国标准、规范进行设计时，要结合当地气候环境和当地人对建筑设计的喜好，尤其在建筑形式、电力供应、防雨、防腐蚀等方面要重点关注。设计人员可通过受援国政府获取当地建筑的图纸、规范和收集已有建筑的使用情况，避免因使用功能的缺失或不足影响项目的整体评价。在项目设计过程中，建议使用BIM工具对设计中存在的问题进行查漏补缺，同时，也方便向受援国提供直观的工程概况，减少设计的确认时间。

现场管理阶段。现场管理组按照合作局规定，需设组长一名，主体阶段需配备土建、安装工程师，设计代表，装修阶段需按照专业配备工程师，翻译、资料管理人员根据项目的大小配备。管理单位一个部门很难同时拥有这么多专业人员，大部分公司采取设计部门提供设计代表，工程部提供现场工程师、辅助部门提供翻译等，这就造成现场管理组人员自身对援外项目管理的工作流程、工作职责出现偏差，给项目质量、进度均造成影响。针对这个现象需对管理组人员全员在派往现场前进行援外项目管理制度、工作流程、岗位职责进行培训，在各岗位可以各尽其责。

（三）总包单位进度管理策略

总包单位作为项目建设过程的实施主体，对项目能否按期完成起到至关重要的作用。进度的可控不但可以在受援国树立自己企业的品牌形象，同时也可以保证项目的经济效益。总包单位进度管理策略如下：

招标投标。总包单位在援外成套项目投标时，要重点收集受援国的政治、经济、当地政治局势等资料进行研判，参考其他中资企业在受援国施工情况，不能以国内同类型、规模的项目进行简单地类比确定报价、工期。

援外成套项目人员管理。按照合作局要求援外成套项目施工阶段严禁劳务分包，专业分包需要在投标文件内确定。建议可采取属地化原则，针对当地短缺的技术工人采用中方人员，一般技术工人或普通工人采用当地招聘的策略。根据现场的施工进度可灵活确定当地员工数量，这样可有效保证施工工期，同时降低人员费用。

施工现场材料。在相关制度文件要求下，可将项目使用的材料分为中国采购和当地采购两大类，专人负责。国内采购的材料可将封样材料、采购发运时间长的材料作为重点监控项目，材料采购清单可经现场材料管理人员编制，国内材料负责人审核。审核重点主材的品牌、规格、型号是否正确，主材的种类是否齐全，对主材的损耗率需考虑当地施工技术水平不高的局限，在国内损耗率的基础上合理采购，防止个别材料不足导致部分工序停工。当地采购材料，需根据当地材料的来源、市场可提供的最大量、供货时间等采取提前备货。非洲国家工业产品普遍进口无法自给自足，气候环境又是一半旱季一半雨季，可对水泥按照三个月用量提前采购，砂石料在旱季储存整个全年的用量。这样可以保证材料充足，不会制约施工。

机械设备。对地勘报告和施工图认真阅读、审图，确定施工使用的机械设备。对常规设备或受援国其他中资企业已有的设备可采取租赁的形式。对受援国不常见或中资企业也没有的设备需采用从国内发运。在多种设备均可完成此项工作时，需考虑现场操作简单、维护保养方便的特点，避免因设备不能及时到场而影响施工进度。

施工方法的选择。在援外成套项目施工方案选择时，要充分了解项目地质条件、项目所在地周边自然环境和当地工人的施工习惯，确定的原则就是在施工方便、可保证人员安全的前提下，适当考虑新技术。总包单位在编制施工组织设计和施工方案时，要避免不结合当地实际情况人为提高技术等级和技术方法，导致现场无法实施而失去方案的指导意义。可重点对施工机械、塔吊、电梯等机械编制方案时，考虑当地人员是否具备操作能力，土方施工方案重点结合地勘报告选择合理的开挖手段，以免因机械或方案选择的不适用导致工期延误。

（四）不可抗力的管理对策

在2019年开始援外成套项目施工过程中，面临的不可抗力主要包括全球新冠疫情和受援国政治局势是否稳定这两点。应对不可抗力的对策主要有：

1）发生不可抗力事件后，按照合同和保险的规定，尽快向业主单位提交相关资料。在提交资料时，注意资料的格式及时效性。

2）不可抗力相关资料的收集。总包单位可以设置兼职不可抗力管理人员，对工期、费用产生的影响资料进行收集。援外成套援助项目还需注意当地政府发布的宵禁、封城、停航等信息，做好记录。必要时，可向我国驻受援国经商处汇报。

3）不可抗力发生后在收集资料的同时，总包单位需首先采取措施保护中方人员的人身财产安全，为人员疏散、撤离提前制定预案。工程实体的损失在规定时间内须上报业主。

结语

援外成套项目在建设过程中进度将面临多种因素的制约，客观了解此类工程的特点，有助于采取科学的手段管理项目的进度。

对于援外成套项目，以质量为基础，按期交付受援国为目标。过程管理紧密结合受援国当地自然条件，严格管理确保项目不出差错，为两国的友谊作出贡献。

参考文献和资料

[1] 中华人民共和国国务院新闻办公室.中国的对外援助（2014）白皮书[EB/OL].(2014-07-10).https://www.gov.cn/zhengce/2014-07/10/content_2715467.htm.

[2] 商务部国际经济合作事务局.对外援助成套项目实施管理办法（试行）[EB/OL].(2016-01-08).https://www.gov.cn/zhengce/2015-12/22/content_5712373.htm.

[3] 刘昆鹏.对外援助成套项目管理的研究[J].工业C,2016(5):44.

[4] 李建平,王书平,宋娟,等.现代项目进度管理[J].中国科学院科技政策与管理科学研究所专著,2008.

工程监理行业创新驱动下的持续发展

杨 琦

四川元丰建设项目管理有限公司湖北分公司

摘　要：本文旨在探讨我国工程监理行业在创新驱动下所取得的持续发展。通过回顾行业的发展历程和近十年来的重大项目经验，结合新技术、新方法在工程监理中的应用，以及监理在重大工程中的重要作用，展示了监理企业转型升级发展的现状，并对行业面临的机遇和挑战进行了分析。

关键词：工程监理行业；创新驱动；持续发展；转型升级；机遇与挑战

一、行业发展历程

（一）回顾我国工程监理行业的发展历程

我国工程监理行业的发展历程可分为以下几个阶段：

起步阶段（20世纪80年代初至20世纪90年代初）：政府机构和工程施工单位自行监理，主要集中在大型基础设施建设项目上，缺乏统一管理体系和标准。

规范化阶段（20世纪90年代中期至21世纪初）：出台法律法规和政策文件，明确监理职责和标准，促进行业规范化发展。相关机构和协会的成立提升了组织和管理水平。

专业化阶段（21世纪初至21世纪10年代初）：形成完整的专业和服务体系，监理企业数量增加，专业人才队伍扩充和培养，标准和规范制定和修订进展明显。信息技术应用提升了监理工作的科学化和智能化。

创新发展阶段（21世纪10年代至今）：新技术和方法广泛应用，如无人机、人工智能和大数据分析，提高了监理的效率和准确性。创新应用使监理工作更高效、精确，为行业带来新机遇和挑战。

国家支持、行业组织和标准的建立，技术创新应用，以及行业内外的合作与交流，都推动了工程监理行业从起步阶段走向规范化、专业化和创新发展。

（二）强调行业发展中的重要里程碑和成就

在监理行业的发展历程中，有一些重要的里程碑和成就对行业产生了深远的影响。以下是其中的一些例子：

1）1993年：中国建设监理协会成立，标志着我国建设工程监理行业组织化管理的开始。协会的成立促进了行业内的交流与合作，提升了监理人员的专业素养和技术水平，为监理行业的规范化和专业化发展提供了组织支持和平台。

2）2000年：《建设工程质量管理条例》的颁布实施，这是我国工程监理行业的重要里程碑之一，明确监理的法律地位和职责，推动行业规范化发展。

3）2006年：中国工程咨询协会与中国建设监理协会联合发布的指南标志着全过程咨询在工程监理中的推广和应用。全过程咨询作为一种先进的监理服务模式，强调监理参与工程全过程的各个环节，从设计、施工到竣工验收等全方位提供专业意见和技术支持。这为工程监理行业的发展注入了新的活力和理念。

4）2010年：中国建设监理协会发布的文件进一步规范了工程监理行业的工作标准和程序，提升了行业的整体质量和服务水平。标准化的推行有助于提高监理工作的规范性和可比性，促进行业的健康发展。

5）2014年：中国工程监理行业首次获得ISO9001质量管理体系认证，这是中国工程监理行业的重要里程碑。这一认证标志着监理企业在质量管理方面达到了国际标准，并且得到了国际认可。它提升了监理行业的整体形象和竞争力，促进了监理企业的持续改进和提高。

6）2016年：中国工程监理企业参与国际工程项目数量显著增加，提高了国际影响力和竞争力。

7）2019年：中国工程监理行业推动工程质量安全监管的深化和改革，加强与监管部门合作，提供支持和保障。

这些里程碑和成就推动了监理行业的规范化、专业化和国际化发展，提升了监理工作的质量和水平，并为面临的新机遇和挑战提供了宝贵经验。

二、新技术、新方法在工程监理中的应用

（一）人工智能技术在监理数据分析和预测中的作用

人工智能技术在监理数据分析和预测中的应用可以提高监理工作的效率、准确性和智能化水平。通过人工智能技术的支持，监理人员可以更好地利用监理数据，发现隐藏的信息和规律，并进行合理的决策和规划。未来，随着人工智能技术的不断进步和应用，监理工作将更加智能化和高效化，为工程建设提供更全面的支持和保障。

（二）大数据分析在监理质量控制和风险管理中的应用

大数据分析在监理质量控制和风险管理中的应用可以提供全面的数据支持和决策依据，帮助监理人员更好地识别问题、优化工程质量，并有效降低工程风险。随着数据量的不断增加和分析技术的不断发展，大数据分析将在监理工作中发挥越来越重要的作用。

三、监理企业的组织架构和管理模式变革

（一）技术创新对监理企业转型升级的推动作用

监理企业应积极采纳和应用新技术，不断创新，提升核心竞争力，为可持续发展作出贡献。可通过以下方面技术创新推动监理企业转型升级：

1）提升监理效率：应用数字化工具、智能监测设备和传感器等新技术，实现监理数据的实时采集、处理和分析，提高效率和准确性。

2）提升监理质量：借助建模、仿真和大数据分析等先进技术，评估和优化工程设计，全面监测和分析工程质量数据，提升可靠性和减少质量风险。

3）拓展监理服务：运用无人机、虚拟现实和增强现实等新兴技术，提供高附加值的监理服务，满足客户需求，拓展服务领域。

4）增强竞争力：采用先进技术和工具提供高水平的监理服务，树立品牌形象和声誉，吸引项目和合作伙伴，获得市场竞争优势。

5）推动业务模式创新：利用数字化技术和互联网平台，实现监理服务的在线化和远程化，提供灵活便捷的服务模式，满足客户个性化需求。

（二）多元化业务拓展和跨行业合作的实践经验

监理企业的多元化业务拓展和跨行业合作可以带来更广阔的市场机遇和业务发展空间。以下是一些监理企业在实践中的经验和策略：

1）多元化业务拓展：监理企业可以通过扩大服务范围和提供多元化的监理服务来拓展业务。监理企业可以根据市场需求和自身专长，开拓新的业务领域，提供全方位的监理服务，满足客户多样化的需求。并且，着力转型发展全过程工程咨询业务，提升行业素质。

2）全过程工程咨询：监理企业可以与其他相关行业的企业进行合作，共同开展项目或提供综合性解决方案。例如，与设计院、咨询公司等进行合作，形成协同效应，提供一体化的工程服务，形成全过程工程咨询服务模式。

3）专业化团队建设：为了应对多元化业务拓展和跨行业合作的需求，监理企业需要建设专业化的团队。包括招聘和培养具有不同专业背景和技能的人才，以满足不同领域监理服务的需求。同时，建立有效的团队协作机制和知识共享平台，促进不同团队之间的合作和交流，提升整体的综合实力。

4）技术创新和数字化转型：技术创新和数字化转型是实现多元化业务拓展和跨行业合作的关键驱动因素。监理企业应积极引进和应用新技术，如大数据分析、人工智能、云计算等，以提高监理效率和质量。

5）国际化拓展：监理企业还可以考

虑国际化拓展，参与海外工程项目并提供监理服务。随着"一带一路"倡议的推进，海外工程项目不断增多，监理企业有机会参与跨国合作，扩大业务范围。在国际化拓展过程中，监理企业需要了解当地法规和标准，适应不同的文化和工作环境，建立良好的国际合作关系。

总的来说，多元化业务拓展和跨行业合作可以为监理企业带来更多的发展机会和竞争优势。通过专业化团队建设、技术创新和数字化转型、市场调研和战略规划等措施，监理企业可以实现业务的拓展和提升，为客户提供更全面、高质量的监理服务。

（三）监理企业在国际市场上的发展和竞争策略

监理企业在国际市场上的发展和竞争需要全面考虑市场特点、技术创新、合作伙伴关系、品牌建设、风险管理和人才培养等多个方面。通过合理制定发展战略、不断提升自身实力和服务水平，监理企业可以在国际市场上取得良好的业绩，并为客户提供优质的监理服务。监理企业在国际市场上的发展和竞争策略可以包括以下几个方面：

1）了解目标市场：在进入国际市场之前，监理企业需要对目标市场进行充分调研和了解。包括目标市场的法规和标准、工程建设特点、竞争格局及客户需求等方面的信息。了解目标市场的特点和需求，有助于制定针对性的发展和竞争策略。

2）建立合作伙伴关系：在国际市场中，建立合作伙伴关系是一种有效的方式。监理企业可以与当地的工程咨询公司、建筑公司、设计院等建立合作伙伴关系，共同开展项目或提供综合性解决方案。合作伙伴关系可以整合各方资源和专业优势，提高项目竞争力和服务水平。

3）适应当地文化和法规：国际市场的文化和法规可能与本土市场存在差异，监理企业需要了解当地的工作习惯、沟通方式和商务礼仪等方面，以确保与当地客户和合作伙伴建立良好的合作关系。同时，了解当地法规和标准，确保在项目执行过程中符合当地的要求。

4）技术创新和提升竞争力：技术创新是提升竞争力的关键因素。监理企业可以致力于技术创新，引入先进的监理技术和工具，提高监理效率和质量。此外，通过培训和学习，不断提升员工的专业水平和技能，保持与国际监理标准和最佳实践的接轨。

5）建立品牌和口碑：在国际市场上，良好的品牌形象和口碑对于监理企业的发展至关重要。监理企业要注重品牌建设，提供高质量的监理服务，赢得客户的信任和好评。同时，积极参与行业交流和国际会议，展示企业的专业实力和经验，提升企业在国际市场的知名度和影响力。

6）注重人才培养和团队建设：在国际市场上，优秀的人才和团队是监理企业的核心竞争力。监理企业应重视人才培养和团队建设，吸引和留住具备国际化视野和专业能力的人才。通过培训、交流和激励机制，提升团队的专业水平和综合能力。

四、工程监理行业面临的机遇与挑战

（一）国家政策和经济环境对工程监理行业的影响

影响是多方面的，包括投资规模、法律法规、政策倾斜、市场需求和技术创新等。监理企业需要密切关注这些影响因素，灵活调整经营策略，适应市场需求的变化，提升自身的竞争力和专业能力。常见影响因素如下：

1）政府投资和工程建设规模：政府投资决策和工程建设规模对监理行业的需求具有直接影响。政府通过增加基础设施建设、推进城市化进程和重大工程项目等举措来推动经济发展，这将带来更多的监理需求和机会。

2）法律法规和监管政策：政府出台的法律法规和监管政策对监理行业的规范和发展起到重要作用，这些政策包括建设工程管理法规、施工监理管理规定等，它们的实施和执行对监理行业的运营和发展具有直接影响。

3）政府政策倾斜和扶持措施：政府可能会通过政策倾斜和扶持措施来支持和促进监理行业的发展。包括鼓励监理企业转型为全过程工程咨询企业、提供财政支持、优化服务标准等，这些政策有助于提升监理与全过程工程咨询行业的竞争力和专业水平。

4）经济周期和市场需求：宏观经济周期和市场需求的波动对监理与全过程工程咨询行业的业务量和项目机会有一定的影响。经济增长阶段通常伴随着更多的工程建设和投资，从而为监理行业发展提供了机遇。而在经济下行期，工程建设可能减少，监理行业可能面临市场竞争的压力。

5）技术创新和数字化转型：国家政策和经济环境对技术创新和数字化转型的支持也会影响监理行业的发展。政府推动建设行业数字化转型，鼓励使用先进的监理技术和工具，如智能监测系统、虚拟现实技术等，以提高监理效率和服务质量。

（二）新技术和数字化转型带来的机遇、转型压力及应对措施

1. 机遇

1）提升监理效率：新技术和数字化工具的应用可以提高监理过程的效率，如无人机、激光扫描等技术可以快速获取工程数据，减少人力成本和时间成本。

2）提升监理质量：数字化转型可以提供更精确的数据和更准确信息，有助于监理人员进行准确的分析和判断，提高监理质量和工程安全性。

3）拓展监理服务范围：新技术和数字化转型为监理企业提供了拓展服务范围的机会，如在智慧城市建设、大数据分析、工程管理系统等方面提供专业服务。

2. 转型压力

1）技术更新速度快：新技术的不断涌现和更新换代给监理企业带来了转型压力，需要不断学习和跟进新技术，提升自身的技术能力和竞争力。

2）人才培养和转型：数字化转型需要具备相应技术能力的人才，监理企业需要投入资源培养和吸引高素质的技术人才，进行组织架构和人员结构的调整和转型。

3）安全和隐私风险：数字化转型过程中，监理企业需要面对网络安全和数据保护的风险和挑战，需要加强安全意识和风险管理，确保数据的安全和隐私保护。

3. 应对措施

1）提升服务质量和效率：利用新技术如无人机和大数据分析，监理企业可实时获取工程影像和数据，加快问题解决速度，提高施工质量和安全性。

2）强化信息共享和全过程工程咨询：建立数字化平台和协同工具，与设计单位、施工单位和业主等各方实时交流，共享项目信息，提高沟通效率和协同效能。

3）提升监督和管理能力：运用BIM技术进行工程设计和施工过程的模拟与协调，确保设计合理和施工进度可控。利用智能监控设备和传感器实时监测工程施工过程，及时发现和解决问题，确保工程质量和安全。

4）推动业务拓展和创新发展：通过技术创新和服务创新，拓展新的业务领域，探索新的服务模式，如智慧监理服务，提供全生命周期的管理和监督，实现全方位的价值提升。

5）加强人才培养和组织变革：加强人才培养，提升数字化技术和管理能力。进行组织变革，建立灵活的组织结构和团队合作机制，适应数字化转型带来的变化。

6）开展战略合作和跨行业合作：与科技公司、软件开发商和数据分析机构等合作，共同研发新技术和解决方案，推动监理业务的数字化转型。与相关行业的企业合作，拓展监理服务的领域和市场，实现业务多元化和合作共赢。

7）推动行业标准和规范的制定：积极参与行业标准和规范的制定工作，与行业组织、政府部门和专业机构合作，推动监理行业的标准化建设，提高竞争力和服务质量。

总之，监理企业在面对新技术和数字化转型时应抓住机遇，积极转型升级。通过加强技术创新、拓展业务领域、强化组织能力、加强合作与竞争等策略，监理企业可以在数字化时代实现可持续发展和业务拓展，提升核心竞争力并取得长远发展。

（三）人才培养和专业能力提升的需求与挑战

1）多元化的专业技能：监理人员需要具备传统工程技术知识以外的能力，如项目管理、质量控制、安全管理等。应不断学习和更新知识，以适应行业的发展和变化。

2）数字化和信息化技术能力：监理行业对数字化和信息化技术的需求日益增加。监理人员应掌握相关技术工具和软件，进行工程数据分析、信息管理和虚拟仿真等工作。同时了解和应用新兴技术，如人工智能和大数据分析也是必备能力。

3）国际化视野和跨文化沟通能力：随着中国参与国际工程项目的增多，监理人员需要具备国际化视野和跨文化沟通能力。应了解国际标准和规范，并能与不同文化背景的项目团队有效沟通和合作。

4）持续学习和专业发展：监理行业发展迅速，监理人员需持续学习和专业发展，提升专业能力和知识水平。参加培训、获取认证资格、参与行业协会活动等是重要途径。监理企业应提供培训和职业发展机会，激励员工成长。

5）人才引进和留住的挑战：监理行业面临人才供给不足和激烈竞争。一些人才倾向于选择其他行业或跨行业发展。监理企业需采取有效的人才引进和留住人才措施，提供有竞争力的薪酬福利和职业发展机会。

为满足需求和应对挑战，监理企业可采取以下措施：

1）建立人才培养体系：构建健全的人才培养体系，包括职业发展通道和晋升机制。监理企业应提供良好的工作环境和发展机会，激励员工提升能力。

建立行业交流平台和专业协会，促进监理人员之间的经验分享和学习，推动行业的发展和进步。

2）采取灵活的人才引进政策：监理企业可制定灵活的人才引进政策，吸引优秀人才加入行业。通过与高校合作，建立人才引进渠道，为新人才提供发展机会。

3）提供多样化的培训和发展机会：为现有员工提供多样化的培训和发展机会，激发他们的潜力和积极性。监理企业可以组织内部培训课程、外部培训项目或派遣员工参与专业会议和研讨会，提升他们的专业能力。

总之，中国监理行业在人才培养和专业能力提升方面需要不断适应行业发展的需求和挑战。通过加强教育培训、提供创新的发展机会和建立健全的人才培养体系，监理行业才能更好地满足市场需求，并培养出高素质的监理人才。同时，监理企业还可以与高等院校、科研机构等合作，开展联合培养计划和科研项目，促进监理人才的专业发展和知识更新。建立良好的工作环境、发展机会和激励机制，加强人才引进和留住措施，共同推动监理行业的创新发展。

五、总结与期望

（一）总结

在发展战略和市场需求的推动下，工程监理行业正在经历深刻变革和转型升级。创新驱动成为行业发展的重要动力。新技术、新方法的应用为工程监理带来机遇和挑战，监理企业需提升技术能力和服务水平，拓展业务、跨行业合作。政策和经济环境对工程监理行业具有重大影响，监理企业需积极参与国家重大战略和国际竞争。人才培养和专业能力提升是重要挑战，监理企业需加强人才培养和管理，提高队伍素质和专业能力。综上所述，工程监理行业应推进标准化、规范化和专业化发展，加强行业自律和监管，不断提升服务质量和水平。

（二）工程监理行业的前景

工程监理行业具有广阔的前景和发展潜力。随着建设项目数量的增加、对工程质量和安全性的要求不断提高，工程监理行业在项目全过程中起着关键作用。新技术的不断涌现和国际合作的推动为监理机构带来了机遇与挑战，而可持续发展的重要性也为监理行业带来了新的发展方向。因此，工程监理行业将继续发展壮大，在提高工程质量、推动可持续发展和满足市场需求方面发挥重要作用，同时在国内外市场上不断拓展，成为建设行业中的关键力量。

（三）对未来工程监理行业发展的期望和建议

1）加强技术创新，应用先进技术如人工智能、大数据分析和物联网，提高监理效率和准确性。

2）提升专业素质，培养监理人员的技术能力、沟通合作和问题解决能力。

3）推动国际合作与交流，借鉴国际先进监理经验，加强标准制定和互认。

4）强化监管和执法力度，严格执行法规和行业标准，提高行业信誉和专业水平。

5）注重信息化建设，建立信息管理系统和数据平台，提高监理工作效率和准确性。

6）着力培育全过程工程咨询企业成长，完善相关行业标准。

通过这些举措，工程监理行业将迎来更高水平和更广阔的发展前景。

参考文献

[1] 袁方翠.谋新求变打造全过程工程咨询领先企业：访中新创达咨询有限公司[J].建设监理，2020(5)：1-4.

[2] 裴仰，陶升健.监理人才向全过程工程咨询人才转型初探[J].建设监理，2020(S01)：133-136.

[3] 许景波.发展全过程工程咨询是监理企业转型升级的重要机遇[J].建设监理，2020(11)：10-11，26.

[4] 赵良.关于工程监理企业开展全过程工程咨询服务的思考[J].建设监理，2020(7)：4-6，12.

[5] 覃译微.浅析全过程工程咨询对咨询企业的机遇与挑战[J].商讯，2019(30)：134.

[6] 王伟，王平.全过程工程咨询概念辨析[J].建筑，2018(1)：25-27.

[7] 叶妙言.全过程工程咨询实施分析[J].房地产世界，2020(15)：131-132.

[8] 张岩琛，周福宽，刘济洲，等.高新技术政府投资项目全过程工程咨询的思考[J].工程建设与设计，2021(1)：218-219，239.

浅析监理企业向全过程工程咨询企业转型的实施策略

王恒莹[1]　王卫锋[2]

1. 中新创达咨询有限公司　2. 河南工业大学

摘　要：随着建筑行业的集成化发展，碎片化的传统咨询工作已经不能与工程项目建设相适应。作为传统工程咨询的典型代表，监理企业更能深刻感受转型发展的紧迫性。本文从延伸服务阶段、拓展服务内容、健全组织结构、重视人才培养、打造特色优势五方面出发，针对监理企业的转型发展提出实施策略，希望能为监理行业的健康发展和全过程工程咨询制度在我国的推广提供一些借鉴和参考。

关键词：监理企业；转型发展；实施策略；全过程工程咨询

引言

随着我国工程建设中以DB（设计+施工）、EPC（设计+采购+施工）为代表的总承包模式的增多，以及建设项目使用功能复杂性的提升，传统只专注于施工、竣工验收阶段质量控制的监理咨询工作已经不能适应当今建设项目的高集成化、多复杂性的工程建设现状。本文站在监理方的角度阐述了监理企业向全过程工程咨询转型的必要性和可行性，并提出实施策略，以期为监理企业向全过程工程咨询企业的成功转型提供理论支撑。

一、监理企业向全过程工程咨询转型的必要性

（一）我国建筑行业向外走出去的迫切需求

工程咨询服务内容在国外的工程合同和国际FIDIC条款中被统一定义为工程咨询，而在我国不同的咨询服务内容被赋予不同的咨询定义，由不同的咨询参与方负责。这样的划分，一方面将完整的工程咨询服务打破，形成各司其职、互不统属的碎片化服务体系，另一方面大大增加了建设方对咨询服务组织协同及合同管理的难度。国内外对待工程咨询服务的巨大差距给我国建筑企业实施"走出去"战略带来了巨大阻碍，也与我国实施"一带一路"倡议和国内建筑行业急需走出去开拓国外新市场的迫切需求不相适应。基于上述原因，我国工程咨询行业应向国际先进的工程咨询服务模式靠拢，为我国建筑企业向外发展提供有力支撑。

（二）工程建设咨询行业发展的必然结果

完整的工程项目建设涉及项目前期决策、项目中期实施、项目后期运维，各个建设阶段紧密联系，共同组成完整的工程建设全过程。以往将工程项目划分为多阶段、多主体参与的建设方式也导致参与各方权责既有所区别也有所重叠，权责的不清晰也使得推诿扯皮现象时有发生，各方信息做不到充分共享，信息孤岛的现象在所难免。

以建设方建设目标为核心的全过程工程咨询将碎片化工程咨询服务高效整合的同时，也使得咨询服务内容更全面，各服务阶段联系更加紧密，便于建设方进行合同管理的同时，也有利于降低工程咨询服务成本。

全过程工程咨询相对于传统模式的工程咨询优势主要体现在以下三个方面：

一是实现了项目信息的无阻碍流通。建设项目的复杂性导致建设过程中会产生海量的工程信息，而信息是实现工程咨询服务目标的核心要素。全过程工程咨询服务可以将以往由监理、造价

咨询、招标投标代理等多个咨询参与单位各自汇总的项目信息进行无阻碍流通，避免以往碎片化咨询所造成的信息衰竭和信息传播链断裂，提升咨询服务效率，保证咨询服务结果。

二是简化合同管理。传统的碎片化咨询服务模式下，作为具有咨询需求的建设方需要与造价咨询、现场勘察、招标代理、现场监理等多个工程咨询单位签订服务合同，大大增加了建设方的合同管理难度。此外签署多个合同会导致存在责任盲区和推诿扯皮现象，而全过程咨询服务模式可以帮助建设方减少繁重的合同管理任务，通过一个咨询服务合同满足自己的咨询需求，对于所需的各项咨询服务内容做到权责划分清晰，提高建设效率。

三是降低项目投资。首先，全过程工程咨询采用一体化招标，将原来的分别发包转变为一体化发包，合同成本比传统咨询服务模式下分别向工程设计、造价咨询、现场监理的多次发包大大降低。其次，全过程工程咨询服务包括工程项目的整个建设周期，有利于促进设计和施工的高度契合，减少因设计变更造成的额外成本增加。最后，还可以在设计初期就利用限额设计，新技术新工艺的使用最大幅度地降低投资成本。

对信息流通的高效要求，方便简洁的合同管理，以及严格的投资控制促使传统咨询行业向全过程工程咨询模式转变，也势必会推动传统监理企业向全过程工程咨询企业的发展转型。

二、监理企业向全过程工程咨询转型的可行性

全过程工程咨询服务作为一种新兴的工程建设咨询服务模式，代表了建筑咨询服务领域内的一种发展趋势，监理企业的技术优势、人才优势、业务基础为全过程工程咨询服务的开展提供了更多的可行性。具体阐述如下：

（一）独特的技术优势

监理企业尽管很少涉及工程建设的项目前期策划阶段，但在监理服务团队进场后，为高效率地开展工作，一般会主动收集项目前期的资料，如可行性研究报告、项目选址意见书等，并组织监理团队服务成员进行集中学习。在现场施工阶段，监理单位的主要工作包括现场施工进度控制、投资控制、施工质量控制、现场安全管理等多项工作。监理单位也是竣工验收阶段和项目材料归档的重要参与者，由于进场后长期驻场对施工现场的真实情况可以做到重点把控。此外，监理服务中大都具有保修期，对后期的运维管理也可以提出针对性的指导意见。在建设项目前期决策、项目中期实施、项目后期运维各个建设阶段或多或少的参与，形成了监理企业在实施全过程工程咨询服务过程中的独特技术优势。

（二）高效的沟通协调

作为建设方在施工现场的代言人，监理单位不仅需要满足业主方的各项合理诉求，还需要作为沟通的桥梁，维系建设方与施工单位、物资供应单位、工程设计单位等各个建设参与方之间的协调和沟通，这使得监理人员有着出色的沟通协调能力以便工作的顺利开展和项目既定目标的成功实现，而高效的沟通协调能力正是开展全过程工程咨询服务，实现各个咨询参与方一体化开展咨询服务的关键所在。

（三）扎实的业务基础

近年来随着全过程工程咨询服务模式的逐渐发展，一些中大型监理企业已经开始将自身经营范围拓展到全过程项目管理、监管一体化等新型业务模式，逐步开始向全过程工程咨询服务进行靠拢。通过将工程项目管理与监理团队的高效组合实现各项资源的最优化配置，有效地降低了运营成本，在工作上还可形成互补，避免了工作岗位重复设置和工作内容的相互重叠。项目管理与监理团队分工明确，职责清晰，充分融合，高度统一，沟通顺畅，决策迅速，执行力强。这些前期的业务拓展也为监理企业向全过程工程咨询企业转型打下了良好基础。

（四）信息化技术及国家、行业政策的有力支撑

在信息技术飞速发展的时代背景下，监理企业可以依靠大数据、云计算、VR、AR、BIM等多种信息技术建立信息管理云平台，实现信息快速流通的同时，减少沟通时间，实现信息的高效传递。

在行业政策方面，我国自国家层面到行业主管部门乃至地方行政部门，都给予全过程工程咨询发展明确的指导政策，鼓励监理企业向全过程工程咨询企业转型，同时，还通过统一的合同文本帮助全过程工程咨询行业可持续健康发展。此外，行业协会也与时俱进，根据全过程工程咨询的发展需求推出扶持政策，并通过学术交流活动为规范全过程工程咨询发展提供技术帮助。全国施工与建设标准化学会还于2022年3月8日出台了《建设项目全过程工程咨询标准》T/CECS 1030—2022。上至国家，下至行业协会的政策扶持使得监理企业向全过程工程咨询企业的转型成了可行之路。

三、监理企业向全过程工程咨询转型的实施策略

监理企业向全过程工程咨询的转型不是一蹴而就的,应从以下几个方面着手,逐步实现从服务阶段、经营理念到人员构成的转变。

(一)咨询服务阶段由专注于施工向两端延伸至建设工程全生命周期

传统的监理企业往往只重点关注施工阶段,全过程工程咨询服务针对的是工程建设前期策划、中期实施、后期运营的全生命建设,监理企业在转型过程中应根据自身的实际情况,将自身的咨询服务阶段从施工阶段向两端扩展,前端拓展至项目前期策划阶段,后端拓展至项目运维阶段,从传统由于各建设阶段分割所形成的碎片化咨询转变为一体化全过程工程咨询,真正体现出全过程工程咨询的价值所在。

(二)通过联合体模式积累经验,扩展业务范围

以往监理企业由于企业规模和经营成本的限制,大多数往往只拥有监理层面的资质,而国家在政策中明确指出,允许全过程工程咨询服务开展过程中采用联合体模式进行咨询服务,这也给人员配备不完善、业务经验储备不足的企业在开展全过程工程咨询服务的过程中,提供了可行之道。监理企业可以在初始阶段与其他工程咨询方组成全过程工程咨询联合体开展业务,实现监理企业由单一业务范围逐步向全过程工程咨询所需各领域的全覆盖。后期随着企业经营规模的扩大及企业业绩的增长,通过兼并重组等多种手段逐步扩展经营范围,真正成为一体化的全过程工程咨询企业,真正实现对项目全过程统筹管理。

(三)构建完善的全过程工程咨询团队组织结构

系统的目标决定了系统的组织,而组织是系统目标能否实现的决定性因素,全过程工程咨询服务团队作为一个系统,能否实现其对工程建设项目的全过程咨询服务目标,决定性因素在于是否有完善的组织结构。监理企业在向全过程工程咨询服务的转型过程中,应摒弃原有的单一监理组织结构,打破原有的组织观念,将监理视为全过程工程咨询服务的组成部分,融入整体团队管理的理念,完善全过程管理组织架构和团队建设。

(四)注重人员培养,打破固有思维

企业转型的过程中,人才才是最关键的因素,因为需要踏足未涉足的业务领域,在监理企业向全过程工程咨询企业的转型过程中,对从业人员的综合素质提出了更高的要求。针对目前监理企业普遍缺乏勘察、设计、造价、招标代理、经济、法律等专业人才的问题,监理企业首先应当及时从专业、年龄结构等多方面考虑,储备、培养与全过程工程咨询行业发展相适应的全过程工程项目管理师或全过程工程咨询项目经理等高层次、复合型的人才队伍。其次,应完善薪酬机制,激励从业人员积极主动地去学习其他工程咨询领域的专业知识,同时完善上升机制,推动人才向更高的全过程工程咨询工作岗位前进。最后,在注重自我培养人才的同时,也应注意人才引进,以他人之长,补己方之短。通过自我培养、完善薪酬机制和上升机制,以及引进人才,提升整个监理企业的人才素质,以此来推动企业的转型发展。

(五)完善技术文件,培育独特优势

企业的转型不仅需要从组织结构、人才培养、业务范围来考虑,还应考虑打造自己的独特品牌优势。全过程工程咨询自2017年提出至今,还有许多需要完善的地方,还需要在多种多样的建设项目中总结经验教训。监理企业在转型过程中,应结合独特优势和实际经营状况,打造出自己的全过程工程咨询管理制度、实施要点、服务方案等多种技术文件,既能起到推动企业规范管理的作用,也能满足建设方多种类咨询需求。通过培育独特优势,使自身业绩实现正向增长,与企业可持续发展形成良性互动。

参考文献

[1] 李元新. 监理行业转型升级发展方向探究[J]. 企业科技与发展, 2021 (7): 180-182.
[2] 马海骋, 贾静, 盛金喜, 等. 取消强制监理对施工单位质量行为的影响研究:基于博弈分析[J]. 建筑经济, 2020 (9): 10-13.
[3] 许景波. 发展全过程工程咨询是监理企业转型升级的重要机遇[J]. 建设监理, 2020 (11): 10-11, 26.
[4] 柴恩海, 沈加斌, 贾培灯, 等. 监理企业转型全过程工程咨询的制约因素识别与分析[J]. 建设监理, 2022 (8): 35-37.
[5] 曹一峰, 刘铭. 工程监理行业30年发展及转型探究[J]. 建设监理, 2019 (2): 10-16.
[6] 郭满祥. 监理行业的现状与对策浅析[J]. 大陆桥视野, 2017 (18): 364.
[7] 王探春. 工程监理企业开展全过程工程咨询服务的优势与探索[J]. 中国科技投资, 2019 (20): 63-64.
[8] 史春高, 王云波. 关于监理企业转型工程建设全过程工程咨询服务的对策研究[J]. 北方建筑, 2017 (4): 73-77.
[9] 王宁. 全过程工程咨询背景下监理企业转型策略探讨[J]. 工程经济, 2020 (9): 14-16.
[10] 崔伟华, 尉艳娟. 创新引领未来全过程工程咨询模式:工程监理企业转型升级的必由之路[J]. 项目管理评论, 2019 (5): 61-64.
[11] 董翌为, 陈雪松. 全过程工程咨询与工程监理行业的发展[J]. 建设监理, 2019 (11): 11-15.

监理企业房建工程信息化管理的几点建议
——信息管控平台在预制节段拼装法城市高架中的应用

刘 杨

山西亿鼎诚建设工程项目管理有限公司

> **摘 要**：随着我国科学技术的不断发展，信息技术被广泛应用在各行各业，大大提高了工作效率，优化了管理流程，提升了准确性、针对性，信息技术应用在建筑工程领域中，是近年来的热点，但在房屋建筑监理领域中，目前还未出现广泛被接受和使用的软件，本文探讨了房屋建筑监理工作的特点，提出了信息化管理在哪些方面可以提升监理工作效果、做好全过程控制，并提出了提高信息化管理水平的若干建议。
>
> **关键词**：房建工程；监理工作；信息化管理

一、房建工程及其监理工作的特点和常见问题

（一）房建工程及其监理工作的特点

1. 项目唯一性：绝大部分房建工程为因地制宜、按需定制的一次性项目，完全一致的房屋建筑工程项目在实践中非常少见，不管是项目所处的物理环境，还是项目业主、管理部门的具体要求、设计图纸等，不可能完全一致，这就决定了房建项目的监理工作需要开展针对性的管理，不存在可以统一套用的管理模式。

2. 建设周期长，影响因素多：房屋建筑建设周期通常以年计，在较长的建设周期内，项目的社会环境、法律法规、业主要求等往往会发生变化；不利的物质环境、不可抗力、业主的经营状况等大多也不可预见，这些因素对项目的进度、投资、质量等均会产生影响。因此，房屋建筑工程中出现的大量变更、协商、法律争端，都需要完善的项目信息作为基础来维护自身的合法权益。

3. 危险源多、安全隐患大：房屋建筑工程危险源多、安全隐患大，从"人"和"物"两方面都存在着大量不确定因素，是安全事故多发的行业，监理人员和监理企业安全管理责任大，因此，监理工作需要时刻保持警惕，积极履职尽责，保护好自身和企业。

4. 经常出现需要单独处理的情况：由于房屋建筑的特殊性，往往会出现一些特殊的问题，如地质不利因素、建筑物的质量问题或缺陷、新工艺新材料带来的新问题、法律法规变化带来的变更、验收问题、关于价格的争议等，这些特殊的问题基本没有适用的法律法规，也没有先例可借鉴，因此，需要采取针对性的办法、程序进行处理。

（二）房建工程监理工作常见的问题

因为房建工程所具备的诸多特性，房建工程的监理是一项综合性强、能力要求高的工作，但在目前市场上，许多企业存在着以下问题或实际困难：

1. 从业人员水平参差不齐。由于当

前监理行业竞争激烈，价格是业主考虑的重要因素，许多企业采取了压缩成本的方法来竞争；还有监理企业经营的情况也不够稳定，项目的数量忽多忽少，项目的实际开工时间与合同约定间隔时间太长等情况，所以大多数监理企业往往不会储备人员，容易出现紧急开工的项目临时招聘人员、没有时间培训即上岗等问题，造成从业人员素质、水平参差不齐，项目部人员的构成有较大的随机性，导致工作效果区别很大。

2.缺乏统一的可操作性标准。目前，监理行业的有关规范、规定等明确了原则性的、指导性的事项，但是缺乏明确、可操作性的内容。在实践中，即使是最常见的工作文件，如监理日志、安全日志、监理通知单等，不同企业、不同项目也有不同要求，执行中监理人员往往根据自己的经验或理解各自发挥，以致五花八门，各执己见。

3.只有资料管理，没有信息化管理。目前，不少监理企业采用的信息化管理平台具备了资料存储、规范查询等功能，而对现场工作的流程是否严谨、工作的规范性是否达标、资料有无错漏等往往还依赖人工检查和反馈，不够及时和权威。

4.项目分散，监管不易。房建工程地域分散，企业的监管难度较大，对现场工作进行检查时会产生人员工资、交通、住宿等成本，检查过于频繁会导致费用增加，检查过少又容易积累风险。

二、信息化管理在房建监理领域的应用现状

根据上述分析，房建工程的监理工作应用信息化管理方式，可以细化、统一工作标准，使项目的监理工作不再依赖个人经验或习惯；依据岗位不同，信息化平台可以针对具体岗位甚至人员做到提醒、指令、执行、反馈等工作，对各级监理人员的行为进行管理和监督；对于项目的诸多信息，可以开发出综合查询、即时沟通、查错、提醒等功能，使项目的信息更加准确、全面、真实，使得项目的管理更加规范、完备。但是目前信息化管理在监理企业的层面、整个建筑行业层面的应用仍不够广泛。

（一）监理企业层面信息化管理软件不够完善

现阶段，绝大部分企业不具备自主研发信息化管理系统的能力，外购了相关软件，由于企业所处地域、项目的差异等原因，软件普遍存在针对性、操作性不强等问题，需要进一步完善、开发相关的功能模块，而企业往往由于缺乏推行信息化管理的决心或执行人才，平台的作用停留在查询文件规范、资料备份等功能上，对于实际工作的指导性不强。目前，市面上还未出现占有明显优势、广为监理企业所使用的信息化管理软件。

（二）建筑行业层面的信息化应用不够普遍

1.监理工作的信息化管理需要相关企业的配合，如向业主发起的联系函，需要业主单位予以回复；向建筑施工企业下发的通知单，需要施工企业的及时落实。在我国的工程实践中，不是所有从业人员的能力、素质都达到了使用信息化管理工具的水平，如果只有监理一方使用信息化管理工具，有可能造成大量的未闭合事项或者搁置的流程。

2.当前建设行为存在大量的不规范操作，如未经验收即进行下一道工序、未取得施工许可证即开工，在当前法规与实践脱节甚远的大环境下，许多参建单位在采取信息化管理时也顾虑甚多。

三、提高监理企业信息化管理的建议

尽管目前监理行业的信息化管理尚未达到一定规模和成熟度，但是对监理企业来讲，如果能够有效地解决房屋建筑监理工作目前所面临的种种问题和困难，必然对提升监理企业竞争力、降低风险、节约成本等方面起到巨大的作用。而且随着社会的发展，越来越多的年轻从业人员将更加适应电子化办公和信息化管理手段，要做到项目分散而工作标准统一、人员变动大而工作水平保持平稳，信息化管理无疑是一种具有优势的工具，也是无法回避的趋势。

对于在当前环境下如何做好房建工程监理企业工作的信息化管理，建议从以下几个方面着手：

（一）做好数据安全及权限管理工作

1.信息化管理应用过程中需要大量信息及数据，企业必须强化安全管理意识，高度重视数据管理工作，因为企业的核心竞争力与数据信息应用密不可分，如数据被窃或者丢失等，对企业的影响是非常严重的。

2.信息化系统里的数据如何使用，如何划分密级，查询、修改的权限如何设计，需要企业高层管理者参与策划，以使企业的信息流动受控，既要做到"应知可知、应知尽知"，又要做到"不能知、不需知则不得知、不可知"。

（二）提升信息化管理系统的适用性

监理企业在建设工程信息化管理系统时，必须明确信息化系统所需要解

决的问题，监理工作目前普遍以"三控两管一协调"为主要内容，其中各个方面都有信息化管理的用武之地。以综合信息管理为例，可以考虑通过以下方式对项目监理的任务分配、实施、报验、验收、整理几个阶段的信息进行综合管理。

1. 任务分配阶段由建设单位项目负责人向监理负责人分配任务，由监理负责人将工作布置给总监，由总监对工作进行分解后，分别布置给监理工程师、监理员与资料员。由上至下，按岗位分工分配相应工作。进入工作分配界面后，选择工作接受者，并将相关资料发送给对方即可，便于接受者进行查阅。

2. 监理项目的实施、报验与验收，由总监、监理员、监理工程师等在系统中的相应位置填写监理文档，下级填写的内容及数据需由上级进行审核，具体流程为：①项目实施阶段由总监理工程师、监理员以自己角色登录系统，根据各自的岗位职责分工编制和填写相应的监理记录，由上级对下级的填写情况进行审核，通过后即可进入下一阶段。②报验与验收阶段由总监对监理记录进行编制汇总，由监理公司部门经理对项目报验与验收的内容进行审核后，才可进入下一阶段。

3. 监理资料的整合由资料员登录到系统中，根据项目监理员编制的文档，形成监理资料目录，经过总监的审核通过后，对档案进行提交并保存，从而完成整个项目的监理工作，最终合同履行完毕。

（三）做好培训，建立有导向性的考核机制

信息化管理作为工具，如果不能够正确使用，也是无法发挥作用的。当企业的信息化系统能够满足使用后，应对员工做好培训工作，使员工学会使用，培训可从以下几方面着手：①首先提高管理层的思想认识，从战略高度对信息化管理加以理解、接受；②对平台的使用加以培训，可以分板块、分专业、分层级进行培训；③在薪酬体系设计中，适度增加由信息化管理平台自动生成的工作成果的考核权重，使得员工能够更加重视对信息化平台的应用；④在企业内部构建激励机制，对表现优异的人员适当予以奖励，而对表现不好的人员予以惩罚，从而调动其工作的积极性和热情，更好地利用信息化管理技术。

（四）做好系统的维护

项目管理过程是一个动态过程，不断有新情况、新问题的产生，且随着外部影响因素的改变，信息化管理系统需要不断地调整和完善。企业应认识到信息化管理是一个需要持续投入的工作，如同员工需要定期发工资、设备需要定期检修一样，以适度的投入来维护系统，是一项必须的工作。否则，系统不能在合理的使用寿命周期内发挥作用，会因被闲置而产生新的浪费和阻碍。

（五）保持处置突发、意外事件的能力

信息化管理工作能够规范常规的大部分工作，但是项目管理、企业管理中的突发、意外情况是不可避免的，对于信息化管理，企业既应充分重视，将常规、重复性、简单的日常工作借由信息化管理加以提升和落实；同时，对信息化管理的局限性也应充分认识，需保有一个经验丰富的智囊团队或与专业机构建立合作关系，以应对突发、意外事件。

结语

综上所述，在信息时代背景下，房建工程监理工作与信息化系统的结合是时代发展的必然，同时，也符合监理企业现代化发展趋势。信息化系统的使用不但使基础的、常规性的监理工作变得更加有序、系统，使工作效率与质量得到显著提升，还能够有效减少监理工作中人力、物力、财力的投入，为企业节省投资，更好地实现经济效益最大化。借助信息化管理工具，企业高层管理者的精力可以更多地集中在战略发展、寻求机遇上，由此实现企业稳定而快速的发展。

参考文献

[1] 马宏伟. 信息化背景下建筑项目管理研究与分析[J]. 住房与房地产, 2018, 496 (11): 162.
[2] 林伟宁. 建筑工程管理信息化现状与对策研究[J]. 住房与房地产, 2018 (7): 144.
[3] 梁毅. 基于建设工程管理信息化的现状及对策研究[J]. 绿色环保建材, 2017 (1): 154, 200.
[4] 余代林. 浅谈建设工程项目信息化管理中的问题与对策[J]. 现代物业, 2018, 10 (5): 87-88.
[5] 石鹤帆. 建设工程项目信息化管理中存在的问题与对策[J]. 农村经济与技术, 2019, 28 (2): 141, 145.

浅谈监理企业信息化管理的建设

吕 波

山西中政通建设项目管理有限公司

摘　要：随着国内建设工程项目的不断增加，信息化网络时代的到来，信息传递和信息交流成为沟通主流，在当前管理趋势下，以往传统的管理方法已经不能满足监理企业的生存需求，因此，运用高科技信息化管理手段已经成为各个监理企业关注的重点课题，由此提升监理企业管理水平和管理质量。本文对监理企业高科技信息化管理手段提出个人见解，为行业内的各位精英提供参考和借鉴。

关键词：监理企业；信息化平台；管理手段；管理模式；管理系统

信息化管理是当前提升企业工作效率的有效的管理模式，标志着企业进入了一个崭新的信息化网络时代。然而，针对监理企业管理信息化主要是指其在原有的传统管理模式基础上进一步优化和重组，运用信息化网络技术、计算机技术及数据库平台等，实现监理企业各项信息的智能化管理，实现企业内部和外部的信息资源共享和高效合理利用。建设工程监理行业本身就是一项高智能、全方位的技术服务，对信息化管理水平要求更高，因此对于建设工程监理来说，信息化管理的意义更为重要。

一、监理企业信息化理念

监理企业信息化管理自20世纪90年代起，随着同行业之间日益激烈的竞争，提高信息化水平、提升工作效率逐步成为企业竞争力的核心内容。监理企业的信息化建设有利于企业管理理念的创新、管理流程的优化、管理团队的重组和管理手段的创新。

信息化管理模式是以数据资源共享平台为基础，通过信息化网络技术、计算机技术及数据库平台等科学方法和手段，对企业内部和项目管理中产生的各类信息进行收集、整理、汇总、存储，汇入企业信息资源平台，实现企业内外部信息的共享和有效利用，便于高层管理者及时准确地作出领导决策，全面规划企业资源配置，进一步提升合理化办公流程，有效履行法定和合同约定的监理职责，满足主管部门和业主的要求，从而有效地提高企业核心竞争力。然而，由于我国缺乏统一的数据标准和适用的数据库，信息化管理集成度不足，企业仍处于研究开发阶段。

二、监理企业引入信息化管理的意义

总体来讲，监理企业引入信息化管理的主要意义包括：①实现监理企业由传统管理模式向新型管理模式的转变，实现办公自动化、智能化；②通过企业内部网络数据平台，及时收集、整理、汇总、存储、分析各类信息，有利于规范公司内部管理，优化工作流程；③监理企业通过信息化管理平台，能够针对最新工程技术规范及相关法规标准等进行网上培训，同时方便项目管理人员随时查阅，有利于构建学习型企业；④能够远程监控工程项目资料收集和进展情况，有利于提高公司对项目监理项目部的整体管理水平和监控能力，规范工作流程，落实监理职责。

三、监理企业信息化管理的运用

（一）提高信息化建设的认知

监理企业要想运用信息化管理，首先领导层和管理层必须提高对信息化建设的认识，清楚管理模式转变的主要途径和方式。特别是在当前全球经济一体化背景下，监理企业只有有效实现管理信息化建设，才能可持续发展。

（二）加强企业制度建设，确保信息化有效运行

监理企业要想在管理上良好地运用信息化手段，必须打破传统管理方式和管理习惯，进一步完善企业的规章制度。信息化建设一定要结合企业自身现状，建立标准化的理论数据和规范化的工作流程，同时以完善、严格的检查制度、推广制度、考核奖罚制度等作支撑，确保信息化管理有效运行。

（三）打造良好的基础设施和网络环境建设

信息化建设离不开网络基础设施。当前网络基础设施建设主要是信息传输网络的建设、技术开发及信息传输设备的升级等。网络环境建设需要设置计算机中心机房，配备计算机设备，组建企业内部网络。另外，病毒防御系统、网络安全防护系统、数据安全备份也是保证系统正常运行的必要条件。

（四）加强信息化人才培养

市场竞争就是人才的竞争，要想实现管理信息化，就要组建一支懂技术、懂管理、素质高的"复合型"技术人才团队。为了实现信息化建设的运行，监理企业需要招聘和培养信息技术相关专业有经验的高层次人才。江苏兴力工程建设监理咨询有限公司运行的职工教育平台系统体现出的时效性、交互性、便捷性就是运用管理信息化手段建设的很好案例。

四、信息化建设的实施策略

监理企业信息化建设应当以监理相关法规和政策文件为指导，以监理规范和监理合同为依据，以项目管理为核心，以监理资料管理为载体，以工程质量、安全职责为重点，以监理专业知识为支撑，并将监理风险管理贯穿整个监理实施过程。信息化建设是一项管理模式变革，它的实施除了要领导层、技术层、执行层等各个层次的共同努力，还得具备一定的经济实力、技术支撑、管理制度、人员储备等基础，完善企业内部控制能力。信息化建设的实施应贯穿在以下几个阶段：

（一）准备阶段

建设初期的主要准备工作：一是调查收集："万事开头难"，首先要对同行业调查、收集的信息进行分析，投入建设资金，完善企业管理体制，选择适合企业发展的信息化管理系统和软件供应商。二是过程策划：在确定软件供应商后，与供应商策划企业信息化工作计划及实施方案。同时，邀请熟悉企业各部门工作流程的人员随时配合流程编制工作，以便提高工作效率。此外，各职能部门需要提出各自的功能需求，例如人力资源管理系统、档案资料管理系统、企业知识库管理系统、财务管理系统、经营管理系统、决策支持系统等。确保项目监理人员通过信息平台熟悉掌握监理相关的法律法规、政策文件、标准图集、工程规范、企业的规章制度、技术资料、合同范本、工程造价信息、材料设备信息等，保证项目管理符合企业工作需求以及规范。三是交流沟通："滴水穿石，非一日之功"，准备阶段后期，需要所有参加信息化建设的各方更多地交流沟通，组建策划工作群，发布工作进展，针对发现的问题及时调整。

（二）实施阶段

建设实施阶段的主要工作：一是架构交底，由软件供应商依据企业内部功能要求制定信息化平台的架构并进行交底，企业组织相关人员对平台架构进行答疑，给出修改意见。二是模块开发，明确信息化平台架构后，进入功能模块开发阶段。期间企业各职能部门需紧密配合，提出各自对模块的功能需求。三是交流沟通，模块开发过程中定期与供应商进行信息化平台建设展示及交流，总结展示过程中的问题并与供应商交流沟通，消除供应商因缺乏专业知识而产生的逻辑性错误及误解。四是人员培训，在实施阶段后期，在信息化平台初具规模的情况下，组织企业内部人员进行交流培训，让员工熟悉平台操作，提升将来信息化平台投入运行的成效。

（三）反馈阶段

信息化平台研发完成后，开始试运行测试，发现问题及时反馈。试运行包括角色试运行和整体试运行：角色试运行就是监理企业按各职能部门不同角色，对信息化平台中所有功能模块、工作流程进行测试，确保模块功能完整，且工作流程符合行业规范。整体试运行是监理企业全员测试，充分完善员工个人信息、在监项目工程资料、日常工作流程等内容，收集问题及时反馈。软件供应商根据反馈意见进行二次开发，细化功能需求。

（四）总结阶段

信息化平台开始运行后，企业要制定《信息化平台管理实施方案》《工程项目信息化管理办法》及《信息化平台使用手册》等文件，加强对信息化平台的操控，规范平台的运行。定期对运行状况进行统计，总结信息化平台的使用情况，及时纠正运行操作中的错误。

通过信息化平台建设，有利于提升工程监理的整体管理水平和监控能力，规范和优化项目监理工作流程，督促监理人员落实监理责任；有利于规范企业管理，优化业务流程，提升企业核心竞争力；有利于构建先进型、学习型企业；有利于监理企业顺应行业发展趋势，为全过程工程咨询服务奠定基础。

信息化平台建设是监理企业的必经之路，是为企业的发展注入新鲜血液的重要手段，是与工程项目全过程工程咨询服务接轨的必要条件。"不积跬步，无以至千里"，虽然当前国内监理企业的信息化建设还处于起步阶段，建设程度不够完善，需要监理企业的不懈努力，"取其精华，去其糟粕"，结合企业自身特点，在日常工作中不断深化、细化信息化建设，逐步提高监理企业的业务能力和管理水平，最终使企业完成质的飞跃，走向行业巅峰。

参考文献

[1] 缪士勇.监理企业信息化建设初探[J].建设监理，2014（3）：34-36，42.
[2] 张珊，赵利.浅析监理企业信息化[J].建设监理，2012（4）：27-29，42.
[3] 吴峻名.信息化管理在工程监理企业的建设研究[J].甘肃科技，2019（23）：77-78，65.

监理企业转型升级发展的必要性及发展路径研究

李 红　武江涛

临汾开天建设监理有限公司

> **摘 要**：自从我国监理制度实行以来，施工监理在工程建设领域中的作用日益凸显。但随着社会主义市场经济的发展，传统监理公司的管理模式和经营理念已不能完全适应市场需求，转型升级已成迫切之势。本文通过剖析当前监理产业发展状况，探讨监理公司转型提升发展的需求，为监理公司转型提升提供有效策略。
>
> **关键词**：监理企业；转型升级；发展路径

引言

从1988年至今，监理行业在经过30多年的变革和完善中，规章制度逐步健全，人才储备日益壮大。基于"三控两管一协调一履责"的传统监理模式已渐趋完善，监理公司也逐步地向项目管理、全过程工程咨询等方面发展。伴随着建筑领域市场化进程的加速，国内外基础建设市场对监理公司的需求愈来愈高，但监理行业潜在的恶意压价、技术水平良莠不齐、业务人员短缺等问题，都严重影响着建筑监理业务的规范化发展，因此，监理公司寻求变革已经势在必行。

一、监理行业发展现状

作为建设领域的支柱行业，工程监理企业在保障工程安全、质量、工期，以及协调各方关系等方面发挥着越来越重要的作用，但在运行过程中还存在许多不足，有不少问题还需要在实践中探索。

（一）监理的责任界定边界不清

监理业务权责不明晰的现实问题，影响了中国监理行业的健康发展。国内一般均将监理业务划归为工程咨询业务，而在实际的管理工作中，业主单位仅把监理业务视为传统意义上的"监工"，重视对质量管理工作的责任，却忽视了投入、进度、创新工艺、技能输出等方面的服务。行政主管部门将监理施工质量重点放在了监理行业，而监理方不但要和承包人分担工程问责制度，还被迫进行"现场技术责任"检查管理，在事故追责时，监理单位承担的责任往往超出其工作范围。监理企业变成业务质量监督部门的市场，与监理行业的要求具有很大差距。

（二）监理行业低价恶意竞争

部分监理公司因为本身水平限制，仅根据法规的强制性规定，协助企业进行监理项目，签订合同责任意识不强，附加值很低。门槛低、资质低、从业人员素质低的"三低现象"导致监理企业之间恶意压价。另外，在工程监理的招标投标中，报价也变成了是否中标的关键因素。以往依靠人才、技术、产品等优势取胜的监理公司，也不得不受低价竞争影响。这种恶意竞争不仅拉低了行业的整体服务水平，也无法满足业主的实际需求。

（三）监理行业权利受限

建筑市场存在"唯甲方是尊"的观念和现象，监理企业在执行国家相关规章制度时会受到甲方一定程度的干扰和掣肘，因此话语权和独立权受限。有些施工管理实力较强的业主单位，与监理单位在管理功能上的交叉甚至能超过监理单位，在我国立法规范下也只能委托监理，而在此情形下监理单位也常常被架空，因此无法实现其业务价值。

（四）监理行业人才缺失

由于长期在建筑行业现场工作、岗位稳定性较差等固有的问题，使得监理人员梯队中出现了底层人才过多、高层次人员缺乏的局面，如项目上很多人员学历较低，无相应的任职资格等，极大抑制着监理业务的长期健康发展；同时，由于行业优势公司的盈利空间进一步被挤压，难以实现资源的有效积累，导致监理企业待遇低，无法支撑高学历高技术人才的工资薪金，无法留住行业优秀人才。

二、监理公司转型升级的需求分析

工程监理公司谋求转型升级，而不仅是工程监理公司寻求自我发展的自身需要，也是适应复杂多变的市场环境的必然抉择。监理企业经营业务单一、市场相对集中，以及建筑企业的快速发展，都直接影响着监理企业的生存发展，转型升级已成为适应市场的客观要求。

（一）行业竞争日益激烈

目前监理行业的竞争日益激烈。截至2020年底，全国建设工程监理行业从业人员已超过139万人，注册执业工程管理人员超过40万人，与2016年相比执业人员增长60%。随着工程监理行业不断成熟、规模日益壮大，导致行业竞争空前激烈。竞争主要来自以下几个方面：一是招标投标法的完善和市场监管的加强，各运营商的招标投标管理工作由地市公司转向全国集中采购，导致许多监理企业，尤其是小型企业的地方优势减弱；二是许多监理企业的业务范围往往局限于特定领域和内容，提供服务的同质化程度越高，竞争程度越激烈；三是专业行业壁垒的打破，使得监理企业的准入门槛降低，很多不具备技术管理能力的私营企业可能通过挂靠大型监理公司提供服务，造成供大于求。因此监理企业不得不实施业务转型升级，提高核心竞争能力，拓宽业务范围，优化升级公司业务模式、管理模式、技术能力等，跳出"红海"市场搏杀，分得更多外在市场的"蛋糕"。

（二）工程将逐步地朝重复化和多样性的方面开展

由于土地资源的日趋匮乏和生活要求的个性化需求增加，对结构复杂、功能齐全的住宅要求日渐提高，建筑科技、建筑艺术也日渐渗透、融合并互相影响，同时，建筑业发展方向也将有新的变化，如建筑与可持续环境、建筑保护与再利用、建筑与数字化制造等方向，这些变化都对监理服务提出了更高的要求。并且伴随着建筑领域技术的革新，如VR技术、BIM技术及可视化智能化软件的应用，设计、施工、监理、工程咨询各环节之间的门槛也会降低，必然会带来监理行业的创新与变革。作为工程监理企业，应逐渐利用新技术优化管理流程，对传统监理方式进行改造，顺应未来发展趋势，提高系统性解决问题能力，提升知识管理水平。

（三）增加高附加值服务是行业发展的必然趋势

很多监理公司对用户提出的监理业务还停留在施工层面，而在调研、立项、设计等项目前期和管理、结算、支撑等项目后期中少有涉及。从项目建设的周期分析，施工阶段属于工作量繁多、成本占用多，而利润空间最少的阶段，业务模式处于产业链附加值的最底端，利润的上升空间低，公司效益难以提高。若一直停留在建设过程监理咨询这一低端的业务模式，会造成企业利润空间狭窄，抵御市场风险能力不足，在这种模式下监理企业难以长久维持，发展道路会越走越窄。延伸高附加值的项目，不仅能与行业现代化发展趋势看齐，还可从价格竞争中脱颖而出，提升企业档次和发展格局。

三、监理企业转型升级路径

传统企业在转型升级的过程中，一定要重视利用企业已建立的口碑优势、企业文化、硬件设备优势等，认真梳理企业转型升级的需要，关注建设主管部门的引导方向和市场需求，制定合理的改革方案，在经营过程中不断调整方向，通过递进式的不懈努力，最终实现成功转型。

（一）明确自身定位，拓展咨询综合服务

全过程工程咨询服务是一个监理公司可持续经营的良好方式，因此监理公司要转变经营思想、拓宽视野，尽快整合过程咨询代理、招标代理、工程造价等服务，向全过程工程咨询服务的企业发展过渡。从施工阶段向产业链方向的两头延伸，如向代监、质监、设计等各个方向发展，提高管理效率，整合管理资源。

首先，要改变经营理念，提升决策的前瞻性，在进行转型升级的过程中，可以通过一体化战略或者多元化战略，拓展咨询服务领域，增加主营业务内容，同时要对公司人员进行全过程工程咨询理论的培训与灌输，形成积极的转型氛围。其次，要改变组织架构，结合发展战略和业务布局，动态调整原有的组织架构，明确各部门职责，加强各部门之间的协调和配合，准确定位各部门在全过程工程咨询的位置和职责。最后，要提高企业的软硬件设施，电子显示屏、无人机、云平台等信息化配置必不可少，为实现复杂的全过程工程咨询服务转型保驾护航。

（二）创新技术应用，开发应用BIM技术

BIM技术已经应用到施工现场，监理工程师应该紧随社会发展，学习运用BIM技术来控制施工，以便进行有效控制。BIM基于3D技术，可以集成项目全生命期内各阶段的信息，通过整合分析，完整表述建设项目。BIM设计的可视化、适应性、可调整度的优势，可以运用到质量控制、信息管理、进度控制等各个方面。BIM模型中的所有信息都是动态的，可帮助监理人员快速了解每道工序，对建设过程有全面的认识。

在品质管理方面，借助BIM的可视化技术，能对后期施工中存在的各种各样碰撞和不合理的质量问题，做出提前考虑和安排。现场人员根据报告进行优化设计和优化施工，减少现场返工，保证业务按时完成。从进度层面，避免了以往工程进度汇报方式中可能出现的缺漏点问题、施工进度规划不符等现象。特别是对于业主单位和工程监理部门，能够及时准确了解第一手信息，对工程进度作出合理的评估，从而为下阶段的施工进度方案提出建议。而在基础建设领域，读取工程量清单的同时，可自动套用相应的估算方案，并在最短时间内计算出工程造价，便于有效控制项目。通过利用BIM技术，能够为监理企业转型提供新的思路，同时提高企业的生产效率和利润率。

（三）监理队伍建设与人才保障

监理企业的高速发展离不开人才的培养和储备。要重视人才的引进，通过高薪酬从高等院校、科研机构等吸纳具有职业资格和项目经验的高素质人才，组成专业的项目管理团队，运用现代科学管理方法和管理模式，打破传统监理业务中的固有思维，为业主提供超值的服务。

完善人才管理制度，设立激励机制，引导人才利用工作空余时间加以补充学习，并积极参与报考各种职业资格考试，如注册监理工程师、一级注册建筑师等，提高自身业务水平。建立系统的人才培养计划，对产品专家和后备人才开展针对性培训，按照业务推广、新兴业务、管理能力、技术支撑等类别进行划分，通过考核甄别不同岗位的适配人员，形成人才梯队，制定恰当的培养计划和培养方向。为防止人才流失，可以将绩效考核与工资挂钩，或者给予股票期权等奖励，切实提高员工积极主动性，为企业转型发展注入活力、提升动力。

结语

我国监理业务已趋于稳定，监理公司改造提升是促进现代服务业建设的重大措施。监理公司要在恰当的时间，全面挖掘企业资源，拓宽经营范围，为企业提供全方位服务，增强公司整体能力。运用现代化的信息技术与管理实践，把BIM工程技术与管理相结合，用最短的时间实现战略转型，在激烈的竞争中占据优势地位。

参考文献

[1] 董海鸿，付金玉．我国监理企业转型升级的路径研究[J]．工程技术研究，2019，4（12）：163-164．
[2] 贾福辉，时代．工程监理企业转型升级实践与突破[J]．建设监理，2018（6）：7-11，21．
[3] 李伟．浅议监理服务企业如何在"新常态"下转型升级[J]．门窗，2015（7）：239．
[4] 李晓峰，洪源，张万征．监理企业战略转型与管理创新的探索[J]．建设监理，2017（11）：48-50，56．
[5] 李元新．监理行业转型升级发展方向探究[J]．企业科技与发展，2021（7）：180-182．
[6] 李建军．全过程工程咨询能力建设与实践：工程监理企业开展全过程工程咨询服务的优势与探索[J]．建设监理，2018（10）：5-8，12．
[7] 刘军，张军辉．传统监理企业如何向全过程工程咨询行业转型[J]．建设监理，2022（1）：52-54，64．
[8] 罗星．监理服务企业如何在"新常态"下转型升级[J]．智库时代，2018（37）：86，95．
[9] 孙伟．监理行业改革方向研究[J]．经济技术协作信息，2018（36）：40．
[10] 张跃峰．关于监理企业转型发展全过程工程咨询服务的探讨[J]．建设监理，2019（9）：5-7，13．

浅析 PPP 项目 BOT 管理模式

魏 军

西安铁一院工程咨询管理有限公司

> **摘 要**：PPP项目模式是我国基础设施和公共服务供给机制的重大创新，对于推进供给侧结构性改革、创新投融资机制、提升公共服务的供给质量和效率具有重要意义。PPP项目模式作为一种新型独特的工程建设管理和融资模式，解决了部分城市单靠政府资金开发融资的瓶颈问题，但是需要对这种模式的先天性不足不断剖析、总结，以更好促进建设市场的良性循环发展。
>
> **关键词**：PPP项目；BOT管理；融资；成本；风险

引言

笔者经过近两年的建设过程监理管理实践，深感 PPP 项目 BOT 管理模式环境下管理弊端多，监理管理难度大，尤其是进度控制方面，BOT 投资人对监理方的进度管控要求几乎等同于施工总承包方，对质量、安全文明、合同等方面的监理人员素质也提出更高的要求。在做好常规监理业务知识学习的同时，必须认真思考并看清问题本质，以趋利避害。

一、PPP 项目 BOT 管理模式关系存在的问题

（一）PPP 项目 BOT 管理模式合同管理方面存在的问题

该 PPP 项目施工总承包为投资人之一的某公司（以下简称"施工总包部"，合同内容含土建、风水电安装、铺轨、强电、弱电和设备购置等），因其管理实力薄弱，再进一步划分标段进行招标，项目前期土建阶段划分为若干土建分部。在近两年的建设实施中逐步暴露出若干合同管理问题，如 BOT 投资人过多强调进度，片面追求利润最大化，力争缩短工期，减少融资期，最终降低其融资成本；尽量减少建设程序，增加了质量安全隐患；增加各参建方的合同管理层级，导致信息传递路径过长、信息失真；施工总包部收到 BOT 投资人的工程款后为获取资金时间价值，往往不能及时支付给下级单位，导致现场进度受阻，但是 BOT 投资人往往对施工总包部缺乏监管力度；增加了各参建方的管理总成本等。

为锁定控制建设成本，PPP 项目一般应采用概算包干形式，以规避各项合同风险。在项目实施过程中往往通过提高融资力度，优化资金到位渠道，以保证现场正常运行，但是该 PPP 项目经过近两年的合同实践，在合同管控和验工计量支付等方面存在很大弊端，严重制约了现场实施进度。如项目伊始 BOT 投资人就将合同风险逐步向下级单位转嫁，导致验工计量、资金支付周期长、路径长、流程烦琐，制约了现场施工进度。如施工总包部验工时，各分部首先代表施工总包部编制当月分部验工文件，先后报监理、BOT 投资人、实施机构、造价咨询单位、跟踪审计单位审核，上述流程完毕后，各分部再向施工总包部申请内部验工。实施机构审核完毕后，BOT 投资人先给施工总包部支付资金，施工总包部再给各分部支付资金，最后分部给工区支付资金。验工流程之烦琐，支付之缓慢，各分部从申请验工至资金到账往往长达 2~3 月之久，严重制约了

现场资金使用，影响了现场施工进度。

（二）BOT投资人与施工总包部存在的问题

该PPP项目BOT投资人与施工总包部虽然在合同关系上属于建设方与施工方的关系，但因其内部隶属关系，导致形成了管控过程中几乎平行的管理模式。

BOT投资人为了片面追求利润，竭力减少人工成本和非人工成本，将管理责任最大化转给施工总包部，施工总包部为了追求利润，又将管理责任最大化转给相关分部，分部为了减少管理跨度又转给若干工区，这样导致项目建设总成本大大增加。管理环节增多，建设周期增长，这对于项目建设成本来说极为不利。因此，应该是承建PPP项目的施工总包部既要有较强的融资能力，又要有较强的施工组织能力，这样在保证工程质量和工期的前提下，才能降低投资成本。

（三）BOT投资人与监理单位存在的问题

按照建设程序讲，监理单位和BOT投资人本应是监理与被监理的关系，但因BOT投资人承担了该PPP项目施工建设，施工阶段其"投资+管理"的特殊身份增加了监理单位对其工程质量、安全、进度与投资的控制难度。尤其在BOT投资人和施工总包部进度投资管理矛盾方面，BOT投资人为了片面追求进度与产值，对施工总包部处罚不力，只能对监理单位颐指气使，要求监理单位代替投资人直接全面管控施工总包部，若施工总包部未完成考核指标，将对监理单位进行经济处罚，这样监理单位就演变为BOT投资人与施工总包部的"夹心饼干"。综合来看，为确保PPP项目BOT的管理模式，确保工程质量、成本、进度，应由政府方实施机构或者政府方质量安全监督机构委托招标确定监理单位，并授权其对BOT投资人进行全权管理，政府方实施机构在BOT项目投资全过程中发挥监管与协调作用，以保证BOT投资项目顺利融资、建设、运营与移交，同时在施工过程中，根据已完成合格工程量及时向监理单位按期支付监理款项。

（四）施工总包部与监理单位存在的问题

因PPP项目的合同关系，管理层级多，导致监理工作指令沟通协调的有效性大打折扣，导致监理工作的沟通协调性较差。在现场发现的问题，下发监理指令后直接发给施工总包部，再由总包部转发给各分部，不利于监理工作有效沟通协调，而且对问题处理的时效性也造成了影响。例如监理通知单和暂停令、工程联系单、会议纪要等体现的问题，虽然是监理在现场发现的，但是不能随即给分部和工区下发整改指令，需要首先和施工总包部沟通，再由总包部对各分部进行统一协调管理等，制约了指令的执行力。

项目前期，因政府方实施机构主导该项目，招标了若干家监理单位，导致在各监理单位组织的监理例会、专题会议、关键节点验收会等建设程序方面，作为参建单位主体之一的施工方项目经理往往不能参会作决策，导致监理更多的指令直接面对的是各分部（含工区）的项目经理，某种程度上在监理指令实施的有效性方面大打折扣，同时增加了监理风险。

施工总包部统管各分部试验工作，但未能形成有效管理机制。如由于分部管理技术力量薄弱，往往一些需要施工总包部进行外部协调管理的工作反而落在了监理单位头上。因分部与施工总承包部合同关系的特殊性，分部对外工作开展起来较困难，这就增加了监理过程中管控的难度，同时也影响了现场施工进度。如整个PPP项目中混凝土材料指标因不同工点设计院设计的图纸要求不一致，因此落实进展缓慢。各分部管理、组织、技术能力等水平参差不齐，监理方需针对不同分部特点采取因地制宜的管控手段。

（五）BOT投资人与勘察单位、设计单位、第三方单位存在的问题

该项目的勘察、设计、监理、第三方（检测、监测、测量）、施工检测（监测）等参建单位最初都是通过招标投标形式与政府方实施机构签订的合同，后因合同转化为PPP项目，政府方实施机构将既有合同项下的全部权利义务转让给BOT投资人，相关参建单位又与BOT投资人签订权利义务转让协议。但是通过项目近两年的工作实施暴露出诸多问题，如BOT投资人对勘察、设计、第三方单位等处于管理失控状态，上述单位受原政府方实施机构的牵制性、约束性依然很强，有时甚至不服从BOT投资人的管理，导致现场管理脱节，信息不畅，在一定程度上影响了BOT投资人项目进展和管理威信。如工程变更、设计变更还是要通过政府方实施机构审核通过后方可变更，第三方的检测、监测数据也是直接给实施机构汇报等。

（六）BOT投资人与施工检测、监测单位存在的问题

施工总包部方招标的施工检测、监测单位的合同是与施工总包部签订的，但是施工检测、监测内容又是直接与分部对接的，施工总包部在检测、监测内容方面配置协调人员严重不足，各分部对施工检测、监测单位又没有合同约束权限，导致各分部现场不仅控制不了施工检测、监测单位，还严重影响了现场

进度，反而委曲求全配置相关人员配合施工检测、监测单位。因此，形成合同纸面内容与现场实际管控"两张皮"的现象，导致管理脱节。

（七）第三方单位与监理单位存在的问题

第三方（检测、测量、监测）单位本应与监理单位为平行关系，共同受BOT投资人委托进行项目的质量管理，从某种程度上来讲，第三方单位应该将其数据成果先提交给监理单位参考和运用，以便监理方对现场管控和向建设单位汇报。但因受合同模式的影响，监理单位在具体开展监理工作时，反而需配合第三方单位，更有甚者因施工总包部或分部一点工作疏忽，第三方单位以监理工作不力为由给监理方下发处罚通知书，增加了监理工作难度，影响了监理工作的独立性。

（八）政府方实施机构、BOT投资人前期外部环境协调存在的问题

政府方实施机构，现场发声无力，对BOT投资人控制权的深入度飘忽不定。该PPP项目所涉及的征地、拆迁工作情况非常复杂，实施难度大。根据各方职责分工，政府方实施机构负责前期征地、拆迁协调工作，BOT投资人负责红线范围内管线迁改，红线外临时用地工作，但实际上BOT投资人又交给施工总包部具体实施。事实证明，进场一年多以来，征地、拆迁工作进展缓慢，甚至遗留工作一直延续至今未全部解决，部分关键线路节点因征地拆迁受阻严重影响开工，几乎有了使实施机构受到BOT投资人的谴责与索赔的征兆。所以为减小和规避双方风险，征地拆迁工作应由BOT投资人负责，完成开工前"三通一平"准备工作。

二、PPP项目BOT模式运行关键问题的控制措施

BOT模式的重点在于融资。目前，因国家加大政府金融宏观调控力度，从某种意义上讲，PPP项目融资成功与否成为决定项目成败的关键。从该PPP项目施工进展滞后原因分析，BOT项目公司融资能力不足，甚至出现从民间资本融资的想法。因其将资金不足压力转嫁到分部（工区）、材料供应商、商业拌合站身上，让其垫资建设，造成诸多不利因素，如曾发生若干次因长期欠还混凝土工程款而导致拌合站中断混凝土供应，若干次因欠还数家钢筋厂家材料款而导致中止供应合同等，真正应验了"巧妇难为无米之炊"。城市轨道交通项目投资规模大、建设周期长，为确保顺利完成项目并移交运营，必须在整个项目运行中对项目资金采取有效控制与监管，建议主要措施如下：

（一）完善全过程管控体系

建立健全PPP项目管理制度，从预算约束、事前可行性研究决策、事中项目实施管理、事后投资评价等方面细化管控流程，构建权责明晰的管理机制，加强企业投资、财务、法务、审计等部门的协同配合，形成管控合力。

（二）严格招标筛选潜在BOT投资人

政府方实施机构在招标前，应该通过招标方式严格筛选潜在BOT投资人，必须为具有融资能力和施工资质相对应能力的施工总承包企业。

（三）资格预审

政府方实施机构确定BOT投资人后还应对其进行有针对性的资格预审。根据发现的风险问题，及时完善，加强管控，提出应对措施。对存在瑕疵的BOT投资人，不具备经济能力的投资人，逐一制定处置方案，风险化解前，坚决停止项目。

（四）委托专业机构监管

政府方实施机构应委托专业机构对BOT投资人的资本金注资过程进行全方位监管。多措并举加大项目资本金投入，但不得通过引入"名股实债"类股权资金或购买劣后级份额等方式承担本应由其他方承担的风险。政府方实施机构委托专业机构对BOT投资人、施工总包部日常建设工程款的拨付及使用进行监管。

结语

随着我国经济的迅速发展，国内外的一些大型央企和巨型财团必将以PPP项目BOT管理模式更多地参与到城市轨道交通建设之中，实施机构应当广泛吸引外资，以包容、开放的心态迎合这种趋势，与国际先进管理模式接轨，积极借鉴国外先进的建设管理技术，认真研究实施机构在PPP项目中的精准定位。制定参建方规范化、标准化的PPP交易流程，引进专业的中介机构，提供具体专业化的服务。严格规范各参建方的行为，做到全面履职履责，最大限度发挥优势和弥补不足。

参考文献

[1] 王燕伟，王松江，潘发余. BOT-TOT-PPP项目综合集成融资模式研究[J]. 科技与管理，2009（1）：44-49.

[2] 毛义华，陈劲. 我国推行BOT项目面临的困难及政策研究[J]. 中国软科学，1997（8）：13-18.

[3] 冯锋，张瑞青. 公用事业项目融资及其路径选择：基于BOT、TOT、PPP模式之比较分析[J]. 软科学，2005（6）：52-55.

建筑工程监理存在的问题及对策

王万锋

芜湖市辰骛建设工程咨询有限公司

> **摘　要**：随着社会、经济的发展和人民生活水平的提高，人们对居住环境的需求越来越大，建筑业的发展也越来越快，但在建设过程中仍存在诸多亟待解决的问题。因此，建设单位要充分认识建设项目的监督职能，客观地分析问题并提出相应的对策。
>
> **关键词**：建筑工程；监理；规章程序

引言

当前，国内多数企业对建设项目的监管还停留在质量、进度、成本、安全等方面，仅重视监理施工阶段的质量和安全建设的监督。由于缺乏对工程质量的认识，致使一些工程监理单位没有引进高素质、高水平的工程技术和管理人才，致使一些工程监理人员缺乏工程咨询能力、提出优化工程建议的能力，从而使工程监理丧失了发展的空间。其次，我国工程监理行业缺乏专业的监理人才，大多数的监理工程师虽然都是专业的，但他们的管理水平较低，体现在监督工程进度和工程质量的问题上的专业水平很高，但是在工程建设的管理上却比较薄弱，这就造成了整个工程项目的失控和管理不到位。在此基础上，本文将结合我国建设项目的实际情况，提出相应的改进措施。

一、建设项目监理中的几个问题

（一）建设项目监督管理的法规制度不完善

近几年，我国建筑业发展迅猛，国家出台了《中华人民共和国建筑法》《建设工程安全生产管理条例》等相关法律、法规，但是，目前的法律、法规体系不够完善，特别是对施工企业的监督管理有许多不完善的地方，未对施工项目监督体系进行全面的规定。而我国有关的安全管理条例仅着重于对施工单位的管理责任进行了规定，目前尚无具体的管理范围、内容、权利、责任等法律法规。

（二）建设项目监理的市场规范不完善

目前，一些不法商家和公司在监管过程中，会有一些投机行为。这不但会扰乱施工监督的市场秩序，也会对那些按程序办事的公司造成不公平的影响，从而影响其工作热情。比如，有的公司会打出"监督"的旗号，但其实都是临时的非专业人士。接手工作时，缺乏专业技能和处理问题的能力。不但恶意地占据了市场份额，而且还会给其他的监督单位和工作人员带来负面的影响。

（三）监理队伍的整体素质有待提高

施工监理是一项专业性很强的职业，必须经过国家职业资格考试，方可上岗。然而，一些企业在招聘和管理过程中，却忽视了对施工监理工作的监督。施工监理工作中许多专业技术、业务能力、综合素质不高的人员参与，造成工程施工质量不能保证，施工管理人员在施工规程、标准、材料等方面缺乏经验，不能按国家有关法规和施工规程进行审查，特别是在材料、设备方面，有些监理人员容易收受他人贿赂，准许在施工过程中使用不符合施工规定和施工需求的材料，造成工程施工安全事故的发生率增加，降低了监理行业整体素质。此外，大多数的监理人，尽管他们的技术水平很高，但没有正确的管理理念和方法，无法在工程建设中实现公平、公正的管理。

（四）建设工程监理业的独立性不足

从细节上讲，工程监理与其他建设工程行业相比，缺少独立性。产业服务责任和权利划分也反映出这种独立性的缺失。尽管监理工作在业主的授权下进行，但监理只具有监督的权利，对错误的操作没有任何处理权限，很容易导致施工单位和业主对监理意见的忽视。另外，由于工程监理的范围很广，工程建设中如果发生了工程质量问题，监理单位要承担很大的责任，但是，对于其他部门的配合，并没有明确的规定。最后，由于监理行业有关法规未明确界定监理权，导致许多建设单位对其重要性的认识不够深刻。在一些案例中，甚至有施工单位在工程竣工后，不允许监理团队进入工地。由于诸多因素的共同作用，导致监理企业的独立性不强，使监理企业处于一种尴尬的境地，对整个行业的发展产生了很大的影响。

（五）监督管理信息化程度低

信息技术的重要性是众所周知的，不管是哪个行业，只要有了先进的信息技术，都能起到很好的作用。然而，经过调研，仍然有一些传统的人工或人工的方法来进行管理的情况，不但效率低，而且最后的结果也不好。由于没有一套完整的监督管理体系，监理企业往往会遇到信息资源匮乏、信息难以有效共享等问题。目前，我国的信息技术还处于发展不充分的阶段，但有关建设单位并未积极地进行调整和研究，也未力求通过技术创新改进监理管理，这将严重制约工程建设的绩效。

二、加强建设项目监督管理工作的措施

（一）监督管理法规的完善

建设工程监理的法制建设是建设工程监理工作的重要内容。目前，我国关于监督管理的法律法规尚待完善，相关的法律条文缺乏对监督工作的有效制约。监督机构要不断地改进监督管理的手段和制度，对监督人员的日常工作进行必要的监督。另外，要避免业主干涉监督工作。同时，政府有关部门也应认识到完善的监督法律制度，可促进监督工作的成效提升。

（二）规范招标投标制度，规范建筑市场

目前，我国招标市场上仍有许多不规范现象，监理单位相互陪衬现象时有发生，造成不正当竞争；也有的监理公司，为了投标，不惜降价；有些私营公司，为了节省成本，派出的监理人员很少，经验不足，就这样，出现了一个"签字监理"。在建设项目管理中，应该引进公开、透明的招标机制，以保证招标市场的健康、持续发展。有关部门和当地政府要制定严格的法律和规章，对串标、假标、虚标等问题进行严肃处理。对市场上出现问题频繁、信誉度低的监理企业，要尽快清理出市场。这样，国内施工监理公司必然会加大内部控制力度，在行业的巨大压力下，施工监理企业必须对自身进行严格的管理，不断提高自身的专业素质，才能在市场竞争中站稳脚跟。

（三）监督程序的严格执行

严格的监督程序和制度是保证工程质量的先决条件。在各工序施工之前，监理人要审核施工计划、技术规程、安全技术交底、有关人员上岗资格证书、机械设备进场报验情况、材料进场复检情况及其他施工准备条件等，要审签单位工程开工报告。在生产过程中，要严格按照作业程序进行作业，符合设计图纸和施工计划，符合设计、规范、"三检"制度等。检验时是否对相关问题进行了整改，是否有相关记录，技术资料是否完整、填写正确，相关签字人是否为之前的合格人员、签章是否完整。在隐蔽工程施工之前，应对有关的测量工作进行全面检查，并安排监理人员对重点部位和关键工序进行旁站，以此类推。

（四）加强监理队伍的整体素质

建设工程监理队伍要全面提升整体素质，首先必须加强对其人力资源的管理和建设监理工作的重视。转变对这一岗位的看法，要对其进行全方位的理解，充分认识其在项目建设、经营中的作用与影响。其次，要重视培养综合素质与管理技术相结合的复合型人才，定期进行专业评审、举办管理培训、讲座等，以提升管理技术水平；同时，要加强建设工程监理队伍的建设，因为目前监理人员分布比较分散，专业的监理人才不多，不能适应建设项目监理的市场需求。因此，建设工程监理必须组建专业的监理队伍，以提高工程监理的经济效益，并引入专业的监理人才，从而促进建设监理事业的健康发展。

（五）提高监督管理信息化的能力

目前，我国的监督管理工作信息化程度较低，亟待加强监管工作，不断提

升信息化水平。在监督管理中,许多方面都需要采用信息化技术,其中包括领导层间的沟通、对经理的分配、跨部门的信息分享。同时,通过建立信息交换平台,能使信息传递得更及时,能更好地完成上级交办的工作可以有效地推动以上问题的解决。此外,要建立起一套完整的监控资料库,使监控资料的传输更加方便。通过信息化建设,使监理工作更加有效地利用信息化手段,使各部门的工作效率得到提升。要加强对工程项目的管理,及时、准确地记录施工进度,及时发现问题、解决问题,促进项目的顺利实施。

结语

在推进城市化的进程中,建筑工程起到了至关重要的作用,从微观的观点来看,工程的主体是施工方、监理方;从宏观的视角来理解工程的各个环节和具体的要求,从而加强对工程的控制、管理、协调,采取科学的措施,解决各种问题。

参考文献

[1] 林小林. 建筑工程监理中存在的问题及对策与发展[J]. 中华建设,2022(8):31-33.
[2] 巨广龙. 建筑工程监理工作中存在的问题及对策[J]. 中国建筑装饰装修,2022(12):138-140.
[3] 林南扬. 现阶段我国建筑工程监理存在的问题及对策[J]. 建材与装饰,2019(23):222-223.
[4] 周明材. 现阶段建筑工程监理工作中存在的问题及对策[J]. 建材与装饰,2019(21):178-179.

浅析如何提升工程项目安全管理水平

刘 有

西安四方建设监理有限责任公司

摘 要：当前，我国安全生产法律法规不断完善，安全生产监管力度持续加强，安全生产技术不断创新，安全生产培训持续普及，营造了安全生产的良好社会氛围。但建筑行业的安全管理现状不容乐观，由于建筑工程的多样性、动态性、复杂性、从业人员的流动性和安全事故的严重性，导致建筑施工企业成为危害性、风险性最大的责任主体之一，压力与责任并存。如何提升工程项目安全管理水平是整个建筑行业亟待解决的难题，本文通过分析工程实践经验，围绕监理企业如何提升工程项目安全管理水平进行剖析，并提出改进措施。

关键词：安全管理；培训；数字化；隐患；应急预案

一、建筑行业安全现状

随着我国城镇化建设的不断加速，建筑行业在国民经济中的占比不断提高，截至2022年已经发展成为年产值31.2万亿，占全国GDP6.9%，拥有10万家企业，超过5200万从业人员的国民经济支柱行业。但同时，也是业界广泛认为的高危行业，建筑施工露天作业多、作业条件差、从业人员流动频繁，多工种、立体交叉作业多。与此同时，我们也清楚地看到，当前，建筑业仍是劳动密集型、建造方式相对粗放的传统产业，安全生产基础仍然比较薄弱。随着工业化、城镇化的持续推进，工程建设量越来越大，建设速度越来越快，客观上增加了安全隐患，提高了安全管理难度。

二、造成安全事故的原因分析

造成安全事故的原因主要分为人的不安全行为、物的不安全状态及管理缺陷；通过物防、技防、管理提升等可以减少物的不安全状态、管理缺陷对于安全事故的发生，但是人的不安全行为体现在人的安全意识，意识的提高需要潜移默化的提升，究其原因主要包括：

（一）现场人员行为不规范

建筑作业人员素质参差不齐，往往凭借自身经验评估事故发生的概率或者心存侥幸，缺乏对工程管理规定的重视，造成建筑施工中的安全事故时常发生。项目管理人员违章指挥，不遵守方案、规范标准等，按照自身意愿盲目指挥，实际施工过程中，不按操作规程实施、验收，重大危险源未提前识别，应急响应形同虚设，演练流于形式。公司层级缺乏对于项目部的安全监管，对于三级安全教育和交底不落实无措施、无制度约束。

（二）现场安全设施不到位

安全防护设施随着工程进展，存在不间断地拆除、恢复、拆除的动态过程；安全防护措施阶段性缺失，导致现场安全隐患增多，安全风险增大；作业人员安全防护不到位，管理人员熟视无睹，都将为安全生产埋下隐患；部分项目部使用不合格的材料，机械设备带病作业，安全设施随意拆除，都会增加安全事故的发生。

（三）应急救援预案未有效落实

应急救援预案偏离实际，可操作性差是当前普遍问题，各层级对于应急救援重视程度不够；应急演练多是表演形式，未充分考虑突发情况下的各种预控措施，使得演练流于形式，花拳绣腿，实际操作完全无章法。同时，对于应急预案宣贯不到位，相应的预控措施作业人员不熟悉、不清楚。

（四）现场管理不到位

建筑市场从事具体工种的劳务班组整体差别不大，公司、项目部对于班组的管理参差不齐；以当前的总分包模式而言，存在以包代管，层层分包的现象，安全管理大打折扣。一方面，项目管理制度不完善，没有建立有效的考核评价机制，管理人员缺乏监督，责任心不足，班组的水平决定了项目的管理水平。另一方面，企业对于项目部未建立完整的安全管理体系，对于不履行公司制度实施的手段有限，未建立起公司安全管理的威慑作用。

（五）企业安全生产主体责任意识不强

有些施工企业注重效益，轻视安全，忽视安全生产基础工作，缺乏安全生产投入，安全培训教育形式化；施工现场管理混乱，安全防护不符合标准要求，"三违"现象经常发生，尚未建立有效的安全生产保证体系。建设单位不重视法规规定的安全责任，任意压缩合理工期，忽视安全生产管理。部分监理单位没有充分认识到应负的安全责任，不能及时发现和处理安全生产隐患。《建设工程安全生产管理条例》规定的安全生产监理责任尚未得到真正落实。

三、提升工程项目安全管理水平具体措施

（一）落实企业安全生产主体责任

在日常管理中，建筑施工企业往往重视实体风险管控，容易忽视由于管理缺陷、管理基础动作"走样"带来的重大事故隐患，这也是企业现阶段面临的难点、堵点。《房屋市政工程生产安全重大事故隐患判定标准（2022版）》首次将企业安全生产许可、安全管理人员、危大工程管控流程、管理基础动作等方面的管理缺陷列为重大事故隐患，是对重大事故隐患判别标准的补充，更是日常管理行为标准化的有力抓手。建筑施工企业只有严格落实"党政同责、一岗双责""三管三必须"以及企业主体责任的要求，领导带头履行好安全职责，各岗位人员对照安全工作清单逐一落实，充分运用考核巡查、约谈通报、公开曝光等手段，推动各方严格履职尽职，才能有效落实好企业主体责任，真正实现长治久安。

（二）落实项目安全生产责任

项目部成立应组建安全生产领导小组，项目经理担任组长，是整个工程安全生产的第一责任人，技术负责人担任副组长，具体管理项目部各项安全工作。安全领导小组成立以后，应制定项目部安全生产责任制度，并定期召开安全会议，就安全生产工作及时调整和部署，领导小组应做好安全宣传工作，项目经理与各层级管理人员签订安全生产责任书。

（三）提升重大安全隐患预控能力

坚持安全第一、预防为主，立足标本兼治、综合施策、多方发力，善于运用辩证法，善于"弹钢琴"，健全安全管理制度，全面落实人防、技防、物防等措施；织密齐抓共管、系统治理的保障网，坚决牢牢兜住安全发展底线，提升重大安全风险预控能力；构建隐患就是事故意识，对于危害程度较大、可能导致群死群伤或造成重大经济损失的重大安全隐患认定为安全事故，提升处理处置能力；建筑施工企业要以"标尺"为界，夯实自身风险识别与隐患排查治理能力，推进安全生产标准化、信息化进程，有效管控重大安全风险，从根本上遏制群死群伤事故的发生。

（四）强化风险隐患闭环管理

坚持"安全隐患零容忍"，全面开展安全生产隐患排查整治，对发现的安全隐患建立工作台账，明确整改措施、时限等要求，建立检查整改闭合机制，逐一销号管理，实施动态清零，坚决堵住隐患演变为事故的路径。同时，查找隐患产生的根源，采取治本之策，避免重复出现，促进管理改进。

项目部成立安全小分队，每天到施工现场、办公区、生活区进行巡查。发现安全生产隐患及时责令负责人马上整改，巡视清除安全隐患，并每日形成详细的安全生产日志。安全小分队实行跟班监督，发现违规现象进行现场处理，发现隐患及时整改，加大安全人员的执法力度。安全人员及高度的责任感，坚守岗位，严格执法，试行教育和处罚相结合的方法对安全生产进行全程监管。项目部除每天的例行巡查外公司层面每月对项目进行常态化检查（管理行为、实体防护、聚焦重点）下发整改通知并闭合销项。

加强大型机械风险管控，建立完善的管控影像资料及管控机制，包括安拆、顶升、加节等旁站照片截图，作业前承诺照片，作业后问询录视频；每月设备定期维保，每月组织塔司和信号工进行事故案例警示教育。

（五）落实安全隐患排查与治理双重预防机制

近年来，一些建筑施工企业存在风

险辨识不到位、风险分级不明确、隐患排查治理不彻底等问题，导致风险控制体系缺乏前瞻性，"事前"安全管理工作针对性不强，未能真正发挥"双控体系"管理效能。2022年出台的房屋市政工程生产安全重大事故隐患的判定标准，首次提出管理基础类重大事故隐患概念，对提高风险辨识能力、隐患整改质量、防范重大事故隐患起到重要作用，工程项目应严格落实双重预防机制。

（六）提高各层级安全管理执行力

注重企业安全文化的打造、贯彻和执行，要强化安全领导力建设，多措并举强化全员履职，把"责任心＋执行力"落实到一线，打通安全管理最后一公里；尤其应重视各项制度的执行与落地，再好的制度也要有效的实施，才能实现其价值。

（七）价值案例赋能项目现场

聚焦赋能现场实际应用的体系机制完善，建立安全标准化设施设备管控机制，建立安全管理最佳实践应用推广机制，善于总结优秀的安全管理经验，并形成经验反馈；以案示警，通过安全事故案例学习，学习国家、省市关于安全事故处罚决定等，有效提升各层级安全认知，只有深知自身责任重大，不履职带来的法律后果、社会影响，才能警示各岗位人员更好地履职尽职。

（八）建立作业人员分类、分级管控

随着中国人口红利逐渐消失，建筑行业作业人员的流动性较强，建筑从业人员的安全素养良莠不齐。要建立一线作业人员的档案管理，涵盖从业年限、年龄、家庭背景等信息，对一线作业人员进行安全分类、分级管控。

（九）建立考核评价机制

要加强对项目经理的制度管控，抓住安全管理的关键少数，严格问责与处罚；项目管理人员也是安全生产中的第一责任人，项目经理每月应对项目管理人员岗位安全职责进行真实考评，奖优罚劣。建立考评记录、考评排名，并定期组织召开月度考评会议，提出改进措施。

（十）以技术创新全方位辨识安全风险

聚焦应用型创新、全面开展技术先行工作，对实际施工过程中遇到的安全风险、质量风险予以先行攻坚，在全公司重大项目开展全方位辨识安全风险，针对性采取本质安全设计，有效减少和避免安全风险，通过"大安全"管控提高施工安全指数。在方案先行方面，重点结合社会面已有设备、工艺、材料开展方案的优化和创新，实现在整体施工方案上的突破，进而减少后续施工的安全风险。

（十一）以建筑业转型升级降低安全风险

以工业化、数字化、绿色化为依托，推动建筑业农民工转变成为建筑产业工人，推动建筑业由劳动密集型向技术密集型转变，夯实建筑施工安全的根基；装配式建筑、智能建造是建筑业工业化的趋势，有利于降低作业人员数量的投入，降低安全风险，应大力推广。要加快推动建筑业机器人的规模化落地，提升劳动生产效率的同时，降低从业人员的安全风险。

（十二）落实各层级安全教育及培训

公司层面对入场人员及劳务班组进行管理行为、实体防护、企业标准等内容进行管理交底；开展安全教育大会，会上对作业人员进行安全培训、播放案例视频、安全标识标牌现场交底；开展安全晨会，对危险性部位、作业点进行针对性讲解；向工人普及安全生产知识，提升工人安全意识、能力素质，全面提升安全防范能力，着力营造每个人都是安全生产第一责任人。

（十三）数字化赋能安全管理

以BIM和智慧工地在安全管理方面的深度运用，通过BIM创建架体三维模型对架体精准定位及优化，输出搭设平面图、剖面图、大样图辅助现场施工交底，为方案的可实施性、安全性提供保障；在AI视频监控、智能安全帽、执法记录仪等智慧工地设备的运用下，可实现违章抓拍、智能定位、呼救、远程巡查，提升项目部安全管控智慧化水平；同时，通过塔吊吊钩可视化、塔吊螺栓松动报警、支模架监测系统、基坑异常报警系统等，可大大提升安全预控能力。

四、关于如何提升工程项目安全管理水平的思考

通过安全管理措施的有效落实，项目的安全管理水平得到提升，具体如下：

第一，逐步建立"我要安全"的意识，这是一切安全工作的基础出发点，最终的目标是实现本质安全。

第二，各层级能够严格遵守各项安全生产法律法规和规章制度；杜绝"三违"现象的出现。

第三，能够掌握本岗位所需的理论知识和操作技能，主动提高处理突发事件的应对能力。同时，能够帮助他人提高安全意识和技能，大胆指出并制止他人的不安全行为，避免被他人伤害，从而保证自身的安全，对自己的安全负责。

第四，风险管控管理的有效提升，对人、机、环境三个要素的超前预防，

在制度上、体制上、程序上能够规范化管理，风险管控到位，有效避免或减少隐患的存在，从而有效地防止事故的发生。

第五，建立隐患排查管理长效机制，变被动管理为主动管理，通过及时排查发现隐患并整改、消除危险，建立隐患排查制度，全方位、全过程开展隐患排查治理，及时发现并消除人的不安全行为、物的不安全状态、环境的不良影响因素等安全隐患。

第六，应急管理得到有效提升，通过建立完善应急响应机制，定期开展演习，事故发生时，能够及时响应、果断处置，减小伤亡或损失，转危为机、化危为安。

第七，安全意识得到提高，安全生产工作态度务必坚定，安全事故隐患务必清零，安全生产监管务必常态化。通过一个长期的、循序渐进的过程，让项目上的每一个人逐渐从内心深处认识并做到自己就是"安全生产第一责任人"。

结语

安全生产是建筑行业每个企业的核心价值之一，它关系到每个员工的生命安全和身体健康。无论是领导还是一线工人，都应该明确自己的安全责任，充分认识并履行自己岗位的安全职责。每个人都应该成为自己岗位的"安全生产第一责任人"，只有在确保生产安全的前提下，才能保证生产效率，促进经济发展。因此，每个人都应该积极参与安全生产工作，遵守企业的安全生产规章制度，不断提高自身的安全意识和安全技能，共同创造一个安全、健康的工作环境。

参考文献

[1] 贾先国,何海涛,刘大鹏.基于亲和图和系统图的建筑施工安全事故分析[J].山西建筑,2010,36(20):193-195.

[2] 温慧丽,姚志国.房屋建筑施工安全事故原因分析[J].黑龙江科技信息,2011(12):268.

[3] 唐凯,陈陆,张洲境,等.我国建筑施工行业生产安全事故统计分析及对策[J].建筑安全,2020,35(9):40-43.

[4] 李东.全国建筑施工安全生产形势分析报告[J].广东科技,2009,18(22):13-15.

《中国建设监理与咨询》参编单位　　　　　　　　　　　　　　　　　　　　　　　　　　　　　　　　　　广告

北京市建设监理协会 会长：张铁明	中国铁道工程建设协会 理事长：王同军 中国铁道工程建设协会建设监理专业委员会 会长：陈璞	机械监理 中国建设监理协会机械分会 会长：黄强	京兴国际工程管理有限公司 董事长：张春友　总经理：左晓明
北京兴电国际工程管理有限公司 董事长兼总经理：张铁明	北京五环国际工程管理有限公司 总经理：汪成	中国水利水电建设工程咨询北京有限公司 总经理：孙晓博	鑫诚建设监理咨询有限公司 董事长：严弟勇　总经理：张国明
北京希达工程管理咨询有限公司 董事长兼总经理：黄强	中船重工海鑫工程管理（北京）有限公司 总经理：姜艳秋	中咨工程管理咨询有限公司 总经理：鲁静	北京赛瑞斯国际工程咨询有限公司 总经理：曹雪松
天津市建设监理协会 理事长：吴树勇	河北省建筑市场发展研究会 会长：倪文国	山西省建设监理协会 会长：苏锁成	宁波市建设监理与招投标咨询行业协会 会长：邵昌成
浙江华东工程咨询有限公司 党委书记、董事长：李海林	公诚管理咨询有限公司 党委书记、总经理：陈伟峰	北京帕克国际工程咨询股份有限公司 董事长：胡海林	福建省工程监理与项目管理协会 会长：林俊敏
广西大通建设监理咨询管理有限公司 董事长：莫细喜　总经理：甘耀域	同炎数智（重庆）科技有限公司 董事长：汪洋	晋中市正元建设监理有限公司 执行董事：赵陆军	山东省建设监理与咨询协会 理事长：徐友全
福州市全过程工程咨询与监理行业协会 理事长：饶舜	吉林梦溪工程管理有限公司 执行董事、党委书记、总经理：曹东君	大保建设管理有限公司 董事长：张建东　总经理：肖健	上海振华工程咨询有限公司 总经理：梁耀嘉
武汉星宇建设咨询有限公司 董事长兼总经理：史铁平	山东胜利建设监理股份有限公司 董事长兼总经理：艾万发	江苏建科建设监理有限公司 董事长：陈贵　总经理：吕所章	连云港市建设监理有限公司 董事长兼总经理：谢永庆
山西卓越建设工程管理有限公司 总经理：张广斌	陕西华茂建设监理咨询有限公司 董事长：阎平	安徽省建设监理协会 会长：苗一平	合肥工大建设监理有限责任公司 总经理：张勇
浙江江南工程管理股份有限公司 董事长兼总经理：李建军	苏州市建设监理协会 会长：蔡东星　秘书长：翟东升	浙江嘉宇工程管理有限公司 董事长：张建　总经理：卢甬	浙江求是工程咨询监理有限公司 董事长：晏海军
驿涛工程集团有限公司 董事长：叶华阳	河南省建设监理协会 会长：孙惠民	国机中兴工程咨询有限公司 执行董事：李振文	新疆昆仑工程咨询管理集团有限公司 总经理：曹志勇
清鸿工程咨询有限公司 董事长：徐育新　总经理：牛军	建基工程咨询有限公司 总裁：黄春晓	河南省光大建设管理有限公司 董事长：郭芳州	方大国际工程咨询股份有限公司 董事长：李宗峰
河南长城铁路工程建设咨询有限公司 董事长：朱泽州	北京北咨工程管理有限公司 总经理：朱迎春	河南兴平工程管理有限公司 董事长兼总经理：艾护民	湖北省建设监理协会 会长：陈晓波

《中国建设监理与咨询》参编单位　　　　　　　　　　　　　　　　　　　　　　　　　　　　　　　广告

广告：企业推广

北京市建设监理协会

北京市建设监理协会（以下简称协会）成立于1996年，是由在北京地区合法从事工程建设咨询监理业务的企业自愿联合组成的行业协会，是由北京市民政局登记管理的非营利性社会团体法人，接受北京市住房和城乡建设委员会、北京市社会事业领域行业协会联合党委及北京市社会团体管理中心业务指导和监督管理，现有单位会员254家。

协会的宗旨是：遵守宪法、法律、法规和国家政策，遵守社会道德风尚，维护国家根本利益，促进经济发展和社会进步。遵循党的路线、方针、政策，以经济建设为中心，推动建设监理事业的发展，提高工程建设水平，沟通政府与会员间的联系，为建设单位及政府部门的决策服务，为会员服务，为首都经济发展服务。

协会的基本任务是：研究、探讨建设监理行业在经济建设中的地位、作用，以及行业发展的问题和对策；协助政府主管部门大力推动监理工作的"信息化、科学化、标准化、制度化"，引领会员单位自觉遵守国家法律法规和行业规范，加强行业自律和诚信建设；组织交流推广建设监理的先进经验，举办有关的技术培训和加强国内外同行业间的技术交流；维护行业利益和会员单位的合法权益，并提供有力的法律支持，走民主自律、自我发展、自成实体的道路。

协会的业务范围是：开展行业协调、专业研究、信息交流、专业培训、咨询服务、承办委托。

协会秘书处设办公室、培训部（北京市西城区建设监理培训学校）、信息部（《北京建设监理》编辑部）和行业发展部（专家委员会和大师工作室）。

协会的主要工作包括：会员发展与服务、培训教育、信息交流与行业宣传、行业发展、党建及文化建设。近30年来，协会在各级政府和广大会员单位的支持下，积极开展各项工作，取得了显著成效。

《北京建设监理》会刊自1998年创刊以来，至2024年6月共编印340期内部交流月刊。

2015年以来，组织培训教育380余批次（包括知识竞赛），近20万人次参加。

2011年以来，专家委员会和大师工作室参与编制或主编的国家标准、行业标准、地方标准、团体标准20余部，主持住房和城乡建设部、中国建设监理协会、北京市住房和城乡建设委员会、北京市市场监督管理局、北京市工程质量安全监督总站等课题研究50余项，出版著作10余部，承担政府购买服务25项，体现了协会的专业技术实力。

2017年以来，实行会员行业贡献绩点统计制度，每半年公布一次，挖掘会员单位积极参与协会工作的内在动力。

组织会员大会、年度监理工作会议、文体活动（联欢会、文艺表演、歌咏比赛、篮球联赛、行业运动会）、植树造林、捐资助学、灾后重建等大型活动40余项，增强了行业凝聚力，践行了协会的社会责任。

协会的工作得到了社会广泛的认可。2015年荣获北京市民政局5A级社会组织称号，2016年荣获北京市行业协会商会信用体系建设项目优秀单位，2016年荣获北京社工委"优秀党建活动品牌"，2023年荣获北京市社会事业领域联合党委"党建示范单位"。

协会秉持专业精神，发扬"四大优良传统"，求真务实、创新发展。巩固政府支持这一核心竞争力，坚定不移地为企业和政府提供双向服务，持续开展行业政策法规、标准规范及行业发展热点课题研究，坚持实行会员行业贡献绩点管理模式，充分发挥桥梁和纽带作用，团结带动会员单位诚信自律、履职尽责，推进行业转型升级，打造"北京监理"品牌，体现首善之区"北京服务"，为国家和首都建设行业的高质量发展作出贡献。

（本页信息由北京市建设监理协会提供）

组织会员单位参展中国国际服务贸易交易会

党支部与会员单位开展联创共建主题党日

《监理合同示范文本修订及监理工作"十不准"》研讨会

协会专家对援疆建设项目现场资料进行检查

举办安全生产管理与技术知识竞赛决赛

联合承办华北片区中国建设监理协会个人会员业务辅导

协会领导到协作组开展行业调研

校招联盟2024年春季校园专场招聘

联合承办全国工程监理行业发展大会（2024年）分论坛

举办北京市建设监理行业运动会

广告：企业推广

武汉市工程建设全过程咨询与监理协会

2024年3月，协会获评"武汉市工人先锋号"　　2023年协会第三次获评"5A级社会组织"

2021年6月，被中共武汉市社会组织综合委员会评为"先进基层党组织"　　2020年7月，获得武汉市社会组织抗击"新冠肺炎疫情"表现突出奖

2018年，协会秘书处喜获武汉市总工会"2017年度武汉市女职工建功立业示范岗"荣誉称号　　2017年，武汉建筑行业工会联合会授予"武汉市建筑行业职工信赖'娘家人'"称号

2023年12月，协会隆重举办武汉市工程建设全过程咨询与监理行业首届BIM大赛　　2023年6月26日"强化党建引领 汇聚行业力量"武汉工程建设全咨监理行业2023年党建工作交流活动合影

2021年4月29日起，协会与武汉市总工会建筑行业工会联合会共同举办庆祝中国共产党建党100周年系列活动之"学党史 跟党走 强监理 尽职责"网络知识竞赛活动　　2022年8月15日至11月15日，协会与武汉市总工会建筑行业工会联合会共同主办"安康杯——筑年质量安全线匠心献礼'二十大'"演讲大赛

　　武汉市工程建设全过程咨询与监理协会，作为原武汉建设监理与咨询行业协会的继承者，自1997年12月诞生以来，在市城建局和市民政局的悉心指导和严格监管下茁壮成长。它是由武汉地区众多依法注册、专注于工程建设全过程咨询与监理的企事业单位和经济组织自愿集结而成的非营利性社会团体，不仅具有全市性、行业性，更是凝聚了行业内众多精英的智慧与力量。

　　在党建联建的强大引领下，协会党支部坚定不移地贯彻党对协会工作的全面领导，坚守正确的政治方向和舆论阵地。协会多次举办"书记讲党课""党的二十大精神宣讲"等活动，旨在提升会员单位的政治觉悟和思想认识。同时，协会与会员单位携手共创共建，共同走进红色教育基地、深入施工现场，将党风廉政建设的经验带到一线，见证并签署建设项目党风廉政建设责任书，确保全面从严治党主体责任得到有效落实。

　　在服务宗旨的指引下，协会始终致力于为会员单位提供全方位、高品质的服务。近年来，协会大胆创新，整合资源，将服务前置，打造出一套涵盖制度设计、课题研究、标准研定、行业培训、公益讲座、校企共建、职称受理等多元化的"组合拳"。作为武汉市常设行业职称受理点，协会已成功完成中高级职称受理数千人次，赴企送课数十次。此外，协会的公益空中课堂也受到了广大企业和从业人员的热烈欢迎，参与人数和观看量屡创新高。

　　为了激发行业活力，协会不断丰富活动载体，举办了网络知识竞赛、演讲大赛等一系列精彩纷呈的活动。特别是2023年12月15日，由市总工会指导、协会与武汉市建筑行业工会联合会联合举办的武汉工程监理咨询行业首届BIM技术应用大赛，更是吸引了线上线下数万人共同参与，共同见证了信息技术在工程建设领域的广泛应用和巨大潜力。

　　在践行社会责任方面，协会始终坚守稳中求进的原则，不断提升品牌形象。通过"一刊一网一号"等渠道及时发布和推送各类信息，让会员单位和社会各界能够及时了解行业动态和协会工作进展。同时，协会还积极投身抗疫救灾、乡村振兴、助学扶幼、关爱孤老等公益事业，得到了社会各界的高度认可和赞誉。

　　展望未来，武汉市工程建设全过程咨询与监理协会将继续加强行业党的建设，团结监理咨询企业，凝聚人心，制定标准，开展教育培训，交流经验，履行职责，打造文化，推动信息化和转型，强化自律和精神文明建设。在全体会员的共同努力下，协会将成为全市监理与咨询会员企业的快乐之家、温馨之家、利益之家，为武汉市工程建设全过程咨询与监理事业的健康可持续发展贡献更多的智慧和力量。

2023年7月，协会组织了近100家会员企业，赴建始县龙坪乡等地开展实地考察

地　　址：湖北省武汉市东湖新技术开发区大学园路13号-1华中科技大学科技园现代服务业基地1号研发楼B座12层
联系电话：综合联络部：027-88109961；培训咨询部：027-88109962；信息宣传部：027-88109963
邮　　箱：Whjl1999@163.com

（本页信息由武汉市工程建设全过程咨询与监理协会提供）

广告：企业推广

北京兴油工程项目管理有限公司

北京燃气天津南港 LNG 应急储备项目接收站工程

北京兴油工程项目管理有限公司于 1994 年成立，隶属于中国石油集团工程有限公司北京项目管理公司，具有独立法人资格。目前拥有员工 1500 余人，其中国家注册监理工程师 320 余人，其他国家注册工程师共计 350 余人。公司致力于提供油气工程全产业链的全过程工程咨询服务，经历了 30 年的行业深耕，实现了从传统监理向现代化项目管理企业的重大转型，成为油气领域全过程项目管理的领军者。公司连续 4 年在中国石油项目管理企业中综合排名第一，2023 年全国百强监理企业排名第 15 名，化工石油专业第一名。

资质与服务范围

公司拥有工程监理综合资质、设备监理甲级资质、工程咨询资质、工程造价咨询资质，通过了质量、环境、职业健康安全管理三体系认证。公司拥有完全自主研发、自主知识产权的项目管理信息平台产品，广泛应用于所属项目；拥有专业的造价咨询和招标采购团队，致力于提供项目管理+造价咨询+招标代理的全方位服务，以满足客户日益增长的多元化需求。

尼日尔 Agadem 油田二期地面工程

尼日尔—贝宁原油管道工程

公司提供项目管理、工程监理、工程咨询、造价咨询、采购服务、招标代理、设备监造、QHSE 诊断评估与监督咨询、数字智能化开发、管道完整性管理"十种"核心业务等，覆盖油气田地面、长输管道、LNG、炼油化工、油气储库、建筑市政、新能源新材料等业务领域。

市场布局与业绩

公司秉持国内国外双循环发展的理念，逐步形成国内国外两个市场。

公司国内市场的足迹遍布全国 27 个省、市、自治区，累计完成大中型工程建设项目管理（监理）项目 3300 余项，总造价 6600 亿元。参加建设了一大批油气领域国家能源动脉战略工程，如中俄油气管道工程、中缅油气管道工程、西气东输管道工程、川气东送管道工程、陕京输气管道工程、广东石化每年 2000 万 t 重质原油加工工程、广西石化炼化一体化转型升级项目，以及数十个国家石油储备基地项目和中国石油所有 LNG 接收站项目。

青海油田格尔木燃机电站重启及配套新能源项目

东营原油储备项目

公司海外市场遍布东南亚、中东、中亚、非洲、美洲等地区，为全球 20 余个国家提供专业服务。先后承接尼日尔二期油田地面工程 PMC 项目、尼贝管道 IPMT 项目、乌干达翠鸟油田监督技术支持服务项目、土库曼斯坦 B 区中部增压 PMC 项目、伊拉克米桑油田 FCD 和 PMC 服务等一批重大项目；同时，公司积极利用自身数智化能力优势，承接了尼日尔数字化转型智能化发展 PMC 项目、乍得数字化交付研究项目、IPMIS 项目等一批数字化项目。

西气东输三线中段（中卫—吉安）项目中卫—枣阳段施工监理第 1 标段

广西石化炼化一体化转型升级项目

企业愿景与使命

展望未来，公司秉持"发展成为具有国际竞争力的全过程项目管理公司"的企业愿景，坚持"人才强企、创新驱动、国际化"三大战略导向，在油气工程管理领域持续深耕，不断为客户创造价值，携手合作伙伴共绘全球油气工程行业的宏伟蓝图，为低碳绿色能源设施建设贡献兴油力量。

中石油上海院技术研发中心项目

（本页信息由北京兴油工程项目管理有限公司提供）

广告：企业推广

河北中原工程项目管理有限公司

秦皇岛奥体中心体育场（"鲁班奖"）　河北中原—2022年北京冬奥会张家口赛区技术官员酒店

中国驻土耳其使馆馆舍新建工程

中国援非盟非洲疾控中心总部（一期）项目（BIM咨询）　石家庄国际机场改扩建项目

石家庄市人民会堂

雄安新区中国电信智慧城市产业园　石家庄中银广场A座（"鲁班奖"）

阳煤集团深州化工乙二醇项目

河北中原工程项目管理有限公司创建于1992年，是一家具有工程监理综合资质，文物监理甲级资质，工程咨询甲级资信，原建设部工程造价、招标代理甲级资质的全过程工程咨询企业。拥有外交部驻外使领馆监理企业资格、商务部对外援助项目实施企业资格，是河北法院工程造价类委托鉴定、评估备案机构。涉及房屋建筑、市政基础设施、石油化工工业、农业、林业、环境与生态、水利水电、文物保护、高新技术、信息、社会公益、房地产等多个行业领域。可为客户提供产业经济研究、项目投融资策划、全过程工程咨询、IDI等咨询服务。

公司坚持以人为本，关注员工成长。现已拥有中国工程监理大师、香港测量师、国际项目管理师、BIM咨询讲师及各类国家级注册人员数百人，中高级职称人员占员工总数70%以上。承担并完成了《CL结构工程施工质量验收规程》DB13（J）44—2003、河北省《建设工程项目管理规程》DB13（J）/T 108—2010、《住宅工程质量潜在缺陷风险管理标准》DB13（J）/T 8501—2022以及《工程管理实训教程》等数十项地方标准和专业书籍，参与了众多大型复杂项目的技术方案论证。

公司坚持以高质量党建引领高质量发展，坚持奉献社会，不断创新，自成立以来，累计完成数千项工程，参与数十个驻外使领馆建设项目。多个项目获"中国建筑工程鲁班奖""中国建筑工程装饰奖""全国化学工业优质工程奖""全国优秀古迹遗址保护项目""安济杯""兴石杯"等国家级、省市级荣誉。连续多年被国家、省、市建设行政主管部门和行业协会评为先进企业，是河北省"九五"重点建设突出贡献先进单位、中国建设监理创新发展20年工程监理先进企业、国家招标代理机构诚信创优4A级企业、全国造价诚信3A级企业、河北省工程监理行业品牌企业、石家庄市工程监理十大品牌企业。是中国建设监理协会理事单位、中国招投标协会会员单位、中国建设工程造价管理协会会员单位、河北省建筑市场发展研究会副会长单位、河北专家咨询协会会员单位、石家庄市建筑协会副会长单位、《建设监理》副理事长单位、天津市"走出去"合作平台会员单位、海南省石家庄商会副会长单位。

"受君之托，忠君之事"，未来，河北中原将以坚定的信念和高度的责任感，回馈每一份信任与期待，继续践行"品质决定一切、服务永无止境"的核心理念，与各界同仁精诚合作，共赢未来。

阜平阜盛大桥　河北医科大学第四医院医疗综合楼

（本页信息由河北中原工程项目管理有限公司提供）

广告：企业推广

山东同力建设项目管理有限公司

企业风采展示

山东同力建设项目管理有限公司，始建于1988年，前身是淄博工程承包总公司，于2004年改制并更名。公司业务范围包括：全过程工程咨询、工程监理、造价咨询、招标代理、工程咨询、政府采购（含中央投资）、地质灾害工程监理、水利工程监理、人防监理、第三方服务、BIM咨询等。

历经30多年稳健发展，公司陆续取得了工程监理综合资质、工程造价咨询甲级资质、工程招标代理甲级资质、工程咨询甲级专业资信、政府采购代理甲级资格、地质灾害治理工程监理乙级资质、水利工程建设监理乙级资质、人防工程和其他人防防护设施监理乙级资质、中央投资项目招标代理乙级资格、机电产品国际招标代理资格、水利工程招标代理资格等资质。

同力人才智库汇聚了技术精湛、经验丰富的专业人员，组建了技术过硬、经验丰富的专家委员会，其中持有国家执业注册证书的近400人次；具备中、高级技术职称的逾400人。公司紧盯市场需求，不断创新管理方式，持续推动科研开发与技术成果的转化，取得多项发明专利和实用新型专利，2021年被认定为高新技术企业。

山东同力致力于为客户提供从前期咨询、过程管理到最终交付的一站式咨询服务，业务范围已覆盖全国20多个省、自治区、直辖市，并在蒙古、印度尼西亚等国家承担工程项目建设管理工作，赢得了广大客户的信赖和支持，公司服务的项目获数十项"鲁班奖""国家优质工程奖""中国安装之星"等国家级奖项。

凭借稳步提升的综合实力，公司先后荣获省、市级守合同重信用企业、振兴淄博劳动奖状、援建北川先进集体、山东省工人先锋号、先进监理企业、招标代理先进单位、造价咨询先进单位、抗击疫情复工复产先进企业、城市品质突出贡献企业、建筑业高质量发展突出贡献企业、科技创新突出贡献企业、山东省全链条龙头骨干企业等荣誉称号。

公司持续优化管理体系，完善标准制度，先后出台40余项工作标准，为项目的规范化管理提供明确的指导；设立业务督查组，进行现场、线上督查工作及专项检查；坚持项目部、事业部或分公司、总公司三级管控机制，确保各级之间层层签订安全文明生产责任书，各级人员尽职履责；结合行业特性，推行三级培训管理体系，融合线上与线下培训方式，确保全员分批参与培训；定期举办项目研讨会和现场观摩交流会，以构建学习型组织，并加强团队间的协作能力；利用先进的自有系统，对项目进展实施精准管控，确保项目得到及时、有效的督导；配备先进的工程检测设备和测量仪器，为客户提供更加专业、高效的服务。

山东同力秉持技术为基，诚信为本，正沿着成为建设咨询服务领域杰出领导者的愿景，稳步前行，用实际行动诠释着这一崇高目标。

临沂钢铁项目（中国建设工程鲁班奖）

淄博市文化中心C组团（中国建设工程鲁班奖）

世博国际高新医院（中国建设工程鲁班奖）

齐文化博物院装饰装修（中国建筑工程装饰奖）

山东建筑大学产学研基地

新疆哈密润达嘉能发电项目

内蒙古包头达茂巴音2号风电场200MW工程

淄博考工路小学（全过程工程咨询）

印尼宾坦200万t氧化铝和北部码头

淄博快速路网

（本页信息由山东同力建设项目管理有限公司提供）

广告：企业推广

长春市政建设咨询有限公司

办公环境

数智技术中心

长春地铁6号线项目

长春世纪大街快速路工程

长春北湖大桥维修加固工程

长春惠工路机场大道下穿洋浦大街桥梁工程

双阳区医院异地新建项目

农安县第一中学

农安县中医院

首山路地块棚户区改造项目

长春东南污水处理厂

双阳如意湖片区开发基础设施建设项目

　　长春市政建设咨询有限公司是吉林省建城咨询集团下属核心企业，成立于1995年4月，前身为长春市市政建设监理有限责任公司，是长春市市政行业成立的第一家监理公司。公司主营：工程全过程咨询、工程建设监理、工程造价、工程招标代理和工程项目管理等专业技术服务，是吉林省监理协会常务理事单位，也是吉林省全过程咨询试点企业之一。

　　公司拥有市政公用工程监理甲级、房屋建筑工程监理甲级、电力工程监理甲级、机电安装工程监理甲级资质，通信工程监理乙级资质。通过了ISO9001：2015国际质量管理体系、ISO14001：2015环境管理体系、ISO45001：2018职业健康安全管理体系认证。公司连续多年获得"优秀监理单位""先进监理企业"等荣誉称号。

　　公司拥有众多高学历、高职称、高技能的复合型人才，坚持以"一流的团队"打造"一流的品质"。目前，公司在职员工300余人，本科以上学历人员占比75%；中、高级职称人员占比超过60%；拥有国家注册监理工程师、注册造价工程师、一级注册建造师、安全工程师、咨询工程师等注册人员200余人；专家委员会各专业专家及特聘培训师10余人。多人被评为国家、省、市优秀总监理工程师或监理工程师。

　　截至目前，公司在管项目100多个，累计参建各类项目2000余项，承揽长春地铁1、2、6号线及轻轨3、4、8号线工程，长春两横三纵快速路及其延长线工程，长春市102国道扩建工程京哈铁路立交桥（1标段）工程、污水处理厂工程等一大批具有社会影响力的地标性项目，所监理的项目获得"中国建设工程鲁班奖""全国市政金杯示范工程"等国家和省市级工程奖项100多项。

　　公司坚守"创造价值，服务社会"的使命，奉行"高品质服务、高质量发展"的管理思想，坚持党建引领，大力推进品牌建设，积极履行社会责任。面对转型升级的新时代，公司大力发展数智化建造，重构生产经营、业务建设和人力资源三大管理体系，持续为全过程咨询赋能，不断提升企业核心竞争力和知识创新与应用能力，为社会提供高品质工程服务，力争成为行业一流的建筑服务商。

（本页信息由长春市政建设咨询有限公司提供）

广告：企业推广

中邮通建设咨询有限公司
CHINA UTONE CONSTRUCTION CONSULTING CO.LTD

中邮通建设咨询有限公司（以下简称"中邮通"）的红色电信精神传承可以追溯到1930年12月中央红军反围剿革命时期的"半部电台"，1949年11月1日中央人民政府邮电部成立，公司前身隶属江苏省邮电管理局。1998年政企分离，公司成为独立法人。2006年随着电信业改革，由电信、移动、联通共同持股的中国通服公司成功上市，公司作为中通服的全资子公司一并上市，注册资本1.1亿元。

公司综合实力位居国内监理行业前列，是中国通信企业协会常务委员单位，江苏省建设监理与招投标协会副会长，省文明单位、省示范监理企业、省智慧工程监管技术研究中心、省高新技术企业等。据住房城乡建设部建筑市场监管司统计，2022年公司监理收入位列全国工程监理企业前十。

近年来，公司以"建造智慧社会、助推数字经济、服务美好生活"为使命，以"智慧社会项目管理师、全过程咨询服务提供者"为定位，秉持"诚信为先、专业为根、创新为要、价值为本"的企业价值观，逐步成长为一家以全过程工程咨询业务为引领，以工程监理、招标代理业务为高质量发展源泉，以造价咨询、工程设计为重要价值补充，同时，是能够提供信息系统集成、数字化咨询等专项咨询的全生命周期一体化咨询公司。

公司作为江苏省首批全过程工程咨询试点企业，以"数字化领先的全过程咨询企业"为愿景，以"1522"战略规划为指引，积极打造中邮通全咨品牌，先后承接了中国电信吴江算力枢纽工程、江苏电信仪征数据中心工程、埃斯顿工业机器人制造基地等多个领域的全咨项目，其中吴江算力枢纽工程是"东数西算"工程国家级枢纽在江苏省的唯一节点，总投资35亿元，建成后能够提供超万架算力资源。同时，公司高度重视人才培养选拔，以全咨训练营为载体，打造高素质专业化的全咨核心团队，支撑全咨业务发展。

公司积极推进数字化转型，创新推出智慧监理、邮E招等信息平台，探索无人科技应用场景，实现管理精细化、进度可视化等目标，不断提升项目一线人员工作效率，多重保障现场质量安全。公司现拥有发明专利37项，获各类省部级以上优质工程奖25项，参与了多项国家标准、团体标准的编制，荣获"鲁班奖"、"国家优质工程金奖"、江苏省"工人先锋号"2023数字江苏建设优秀实践成果等。

未来，公司将继续坚守初心，以发展全过程工程咨询为核心，以数字化转型为驱动，不断创新发展，为行业繁荣和社会进步作出更多贡献。

2022—2023年度国家优质工程奖金奖

2023年度数字江苏建设优秀实践成果

六安广播电视塔中国钢结构金奖

江苏省工人先锋号

共创2009年度中国建设工程鲁班奖

（右）共创2010—2011年度鲁班奖

扬州广播电视塔项目获中国钢结构金奖

内蒙古——中国银行内蒙古数据中心园区项目

南京——中国通信服务智慧产业研发基地项目

合肥——中国银行合肥数据中心园区项目

新疆哈密——750MW风电储能一体化项目

无锡——中国人民银行清算总中心无锡开发测试云数据中心

上海—优刻得青浦数据中心项目建设工程

贵阳—中国移动贵阳数据中心

桂林——桂林经开区华为信息产业园数据中心项目

江苏——城市生命线项目

淮安——运河之星广播电视发射塔

深圳——石岩气象观测梯度塔

苏州——电信吴江算力中心全过程咨询项目

地　址：江苏省南京市鼓楼区挹江门街道南祖师庵7号
电　话：025-83322560、13915003955
联系人：傅王楠
邮　箱：nannan2776@qq.com

（本页信息由中邮通建设咨询有限公司提供）

江苏电信仪征生产厂房全过程咨询项目

广告：企业推广

天津市建设监理协会

2023年12月5日，协会组织召开推进监理行业高质量发展座谈会

2024年3月28日，天津市建设监理协会第五届二次会员代表大会在天津政协俱乐部顺利召开

2023年12月29日至2024年2月6日，协会专家配合建筑业市场管理处对施工资料进行检查　　2024年3月26日，建筑市场中心联合协会召开建设工程监理企业信用评价工作座谈会

2024年3月13日，全国建设监理协会秘书长工作会在天津隆重召开　　2024年4月28日至29日，天津市建设监理协会诚信自律工作委员会赴河南省建设监理协会开展交流活动

2024年6月19日，由中国建设监理协会主办，北京市建设监理协会和天津市建设监理协会共同承办的全国工程监理行业发展大会（2024）平行分论坛一隆重召开　　2024年10月12日，举办2024年度监理业务技能竞赛决赛暨中国建设监理协会首届全国工程监理行业知识竞赛天津赛区选拔赛

　　天津市建设监理协会成立于2001年10月，是由在天津地区合法从事工程建设的监理企业、项目管理企业和兼营监理业务的工程设计、科学研究以及工程建设咨询单位及个人自愿结成的行业性、非营利性社会组织。协会共有会员单位168家，设有秘书处和4个分支机构。4个分支机构为专家委员会、监理工程师专业委员会、诚信自律工作委员会和权益保障工作委员会。秘书处为常设办事机构，负责协会的日常工作。

　　协会的宗旨是：坚持中国共产党的全面领导，遵守宪法、法律、法规和国家政策，遵守社会道德风尚、社会主义核心价值观并积极加强社会组织党的建设，以习近平新时代中国特色社会主义思想为指导，贯彻执行政府的有关方针政策，沟通会员与政府、社会之间的联系，维护行业利益和会员的合法权益，加强行业自律，保障行业公平竞争，为发展天津市建设工程咨询与监理事业和提高工程建设水平作出积极贡献。

　　协会的业务范围涵盖专业研究、规范行规、信息交流、咨询服务、人员管理、培训、考核、资质初审、行业诚信评价体系完善、行业社会形象维护、行业自律管理机制建立以及完成建设行政主管部门委托等各项工作。

　　2023年3月30日，协会完成换届选举，产生第五届理事会、监事会，新一届理事会、监事会；2023年6月9日，中共天津市建设监理协会支部委员会换届选举党员大会顺利召开，大会选举监理协会新一届党支部委员会委员。多年来，协会始终遵循"为会员服务、为行业服务、为政府服务、为社会服务"的办会宗旨，不断探索监理行业高质量发展途径。定期组织开展专业技术人员岗前业务学习和继续教育考核以及优秀总监理工程师和优秀监理工程师的评选，促进监理人员素质提高；及时反映企业诉求，向政府主管部门传递会员关切，发挥政府和监理企业沟通的桥梁纽带作用；完成政府部门委托工作，当好参谋助手；逐步完善监理行业信用体系建设，构建以信用为基础的行业自律机制，营造良好营商环境；积极发挥宣传引导作用，加大监理行业宣传力度，弘扬正能量，提振监理行业发展信心。

　　协会将继续坚持以习近平新时代中国特色社会主义思想为指导，全面学习贯彻党的二十大精神和习近平总书记视察天津重要讲话精神，牢记"四个善作善成"的殷殷嘱托。展现新气象、激发新作为，开拓进取、砥砺奋进再出发，在践行社会责任、加强行业自律和促进行业交流等方面发挥积极作用，开创天津市监理事业发展的新局面。

（本页信息由天津市建设监理协会提供）

广告：企业推广

福建省工程监理与项目管理协会

福建省工程监理与项目管理协会前身为福建省建设监理协会，成立于1996年。为适应行业发展的需要，2005年更名为福建省工程监理与项目管理协会。在福建省住房和城乡建设厅社会组织行业党委的领导和福建省民政厅的监督指导下，做好桥梁纽带和参谋助手作用。协会秉持"一切为了会员，为了会员一切，为了一切会员"服务理念，始终与监理企业面向未来，创新发展。协会按要求建立党支部，设有监事会、自律委员会、咨询委员会、通讯委员会和秘书处，设有两个专家库，配有专业法律顾问。现有单位会员1358家。协会创建"福建设监理网"和"福建监协"微信公众号，年浏览量超过60万次，已经成为会员了解监理行业政策和协会动态的重要宣传窗口。2021年，经福建省民政厅评估，第二次取得4A级社会组织等级。

协会党支部全体党员、会员单位深入学习贯彻习近平新时代中国特色社会主义思想，树牢"四个意识"，坚定"四个自信"，坚决做到"两个维护"。党支部积极响应《福建省民政厅、福建省扶贫办关于印发〈阳光1+1（社会组织＋老区村）牵手计划"行动方案〉的通知》（闽民老区〔2019〕153号）等文件号召，积极参加开展"阳光1+1"活动，对口帮扶南平市延平区巨口乡上埔村，并捐赠20万元用于上埔拱桥头廊桥及步道工程。协会结对福州国光社区开展"有福之粥 暖心情浓"第十一届拗九节敬老活动暨"强国复兴有我"主题活动，入户走访慰问辖区79岁以上的老人。

协会根据《福建省建设监理行业自律公约》《福建省建设监理行业自律公约实施细则》等相关规定，开展行业自律并积极倡导会员单位和在闽从业的监理企业，守住行业底线，坚持提供标准化、高质量的监理及相关服务，维护行业整体利益。对于低价招标项目，协会向招标人和招标监督机构发出建议函，建议招标人合理测算监理费控制价，为后续项目实施提供监理费用保障。对低价中标项目，协会自律委员会抽调专家成立调研组，通过走访项目部、与项目监理机构座谈交流、调阅内业资料、查看现场施工情况等形式，形成综合调研报告，呈送主管部门及有关单位。

近年来，协会在信息化建设、行业人才管理、标准规范研究等方面也进行一些有益探索。在行业转型升级发展的道路上，望与全国同仁一道，互相交流，共同维护行业市场有序竞争，推动行业健康持续发展。

地　址：福建省福州市鼓楼区北大路113号菁华北大2-612室
电　话：0591-87569904　87833612
Email：fjjsjl@126.com
微信公众号：福建监协

（本页信息由福建省工程监理与项目管理协会提供）

2022—2023年度国家优质工程奖——癸官污水处理厂三期工程（福建省新茂泰工程项目管理有限公司—副会长单位）　2022—2023年度中国建设工程鲁班奖——福建省妇产医院—医疗综合楼及地下室项目（福建省建设工程管理有限公司—副会长单位）

2022—2023年度中国建设工程鲁班奖——武夷新区体育中心项目（福州诺成工程项目管理有限公司—副会长单位）　2022—2023年度国家优质工程奖——福州市第二工人文化宫（福州市建设工程管理有限公司—副秘书长单位）

2022—2023年度国家优质工程奖——泉州台商投资区百崎湖东片区实验学园（中小学及幼儿园）-中学工程项目（福建闽county工程管理咨询有限公司—副秘书长单位）　2022—2023年度中国建设工程鲁班奖——福建省儿童医院（区域儿童医学中心）项目（厦门高诚信工程技术有限公司—常务理事单位）

2022—2023年度国家优质工程奖——闽江师专二期（含马保中小学）小学教学综合楼项目（福建互华土木工程管理有限公司—常务理事单位）　中国社会组织评估等级证书（2021年5月—2026年5月）

2022年第十九届中国土木工程詹天佑奖——海峡文化艺术中心项目（厦门协诚工程管理咨询有限公司—常务理事单位）

广告：企业推广

浙江江南工程管理股份有限公司

冬奥会非注册VIP接待中心（河北建设酒店标段）

矿坑生态修复利用工程——冰雪世界

无锡地铁3号线一期工程

台州医院新院区项目（2号医疗综合楼、3号能源综合楼）

榆林市文化艺术中心（榆林大剧院）

杭政储出（2010年）32号地块商业金融用房（中国人寿大厦）

锡林郭勒盟蒙古族中学新校区建设项目

海口市国际免税城项目

浙江江南工程管理股份有限公司成立于1985年，原为国家电子工业部直属骨干企业，肩负工程建设管理体制改革使命，是新中国工程咨询行业的探路者、先行者、践行者，连续十多年被评为国家级优秀工程监理企业，企业综合实力位居行业前三。

经过39年创新发展，江南管理拥有工程监理综合资质、水利工程监理甲级资质、水土保持工程监理甲级资质、工程设计资质、工程咨询甲级资信（5个专业）、浙江省环境工程监理甲级资格（3个专业）、文物保护工程监理资质、设备工程监理甲级资质等，业务涵盖房建、市政、水利、轨道交通、能源、石化、环保、通信等领域，能够为客户提供全过程工程咨询、工程设计及咨询、前期策划及咨询、BIM建模及咨询、项目管理及代建、招标代理、造价咨询、工程监理、第三方工程评估等服务，是覆盖全产业链和多领域的工程咨询行业标杆企业，现有员工4500余人，其中各类国家级注册人员1800多人，拥有注册人员数量位居行业前列。

目前，公司业务范围覆盖30多个省、直辖市及自治区，200多个地级以上城市及12个海外国家，共设立34家分公司，年完成工程投资额3000多亿元，年动态管理项目达650多项，典型作品包括沈阳奥体主体育场、杭州奥体中心主体育场、中山大学深圳建设项目、西湖大学云谷校区、深圳新华医院、海南三亚国际免税城、深圳歌剧院、哈尔滨大剧院、杭州市地铁系列工程、湖南长沙矿坑生态修复利用工程、浙江省各地市未来社区建设项目、杭州火车东站站房工程、深圳公清水库连通水利工程、合肥金寨路高架工程、金义都市新区管廊工程等各省市重点工程以及援尼日利亚太阳能交通信号灯二期项目、援乍得恩贾梅纳体育场项目、援马拉维首都机场M1公路升级改造项目等海外工程。

公司成立以来，已累计获得70多项中国建设工程鲁班奖，250多项"詹天佑奖""国家优质工程奖""国家市政金杯奖""水利工程大禹奖"等各类国家级奖项，被住房和城乡建设部授予"全国工程质量安全管理优秀企业"，科技部授予"国家高新技术企业"，被国家工商行政管理总局列为"全国守合同重信用单位"，连续两年（2022—2023年）荣获杭州市人民政府质量管理创新奖，为浙江省咨询行业首家获奖企业。

展望未来，江南管理将以"国际化、数智化、专业化"发展理念为指引，以"聚焦客户、创造价值、引领发展"为使命，不断夯实企业核心竞争力，为实现"成为全球领先的工程顾问公司"愿景和引领中国工程咨询行业高质量发展而不懈奋斗。

（本页信息由浙江江南工程管理股份有限公司提供）

广告：企业推广

大保建设管理有限公司

大保建设管理有限公司是面向全国服务的综合性工程管理咨询企业，公司总部坐落于美丽的海滨城市大连，公司目前已成立了江苏、辽宁、内蒙古等多个分公司。公司成立于1994年，1999年由国企改制为民营企业，注册资金5000万元。公司通过了质量管理体系、职业健康管理体系、环境管理体系认证，具备电力工程、市政公用工程、房建建筑工程监理甲级资质，化工石油工程、铁路工程、机电安装工程监理乙级资质；工程造价咨询乙级资质；水利部水利工程施工监理乙级。

公司自创建以来，秉承"勤勉、平和、公正、共赢"的企业精神先后承揽了各类电力工程、市政公用工程、房屋建筑工程、水利工程监理、招标代理、造价咨询、项目管理等千余项工程，总投资超过千亿元。公司在建设和发展的过程中，坚持以监理服务为平台，不断积累实践经验，不断面向工程项目管理服务拓展，成功地为多家外资企业提供了工程项目管理、工程总承包和代建服务。

同时，公司在全国范围内承揽了多个高压、超高压输变电工程，风电、火电、水电、生物质发电、光伏发电项目，并承接了多项超高层建筑、大型市政工程，项目遍及全国。

公司在为社会和建设业主提供服务的过程中，不仅获得良好的经济效益，也赢得了诸多社会荣誉。有多项工程获"中国安装之星""中国电力优质工程""世纪杯""星海杯""金钢奖""优质结构"奖，连续多年被评为省先进监理单位、全国先进监理企业、守合同重信用单位，被中国社会经济调查所评为质量、服务、信誉3A企业，广大建设业主也给予了"放心监理""监督有力、管理到位"的赞誉。公司是中国建设监理协会理事单位、中国电机工程学会电力建设专委会委员、中国电力建设企业协会理事单位、风电工程分会会员、辽宁省建设监理协会理事单位。多年来，公司在承接社会责任的同时，积极为慈善事业捐款，在大连保税区、沈阳农业大学、阜新市建立慈善基金，多次被评为"慈善优秀项目奖""百万慈善基金爱心企业"，公司董事长当选大连市慈善人物，受到社会各界的广泛好评。

公司在发展过程中，十分注重提供服务的前期策划，专业人才的选拔与聘用，同时，积极参与各级协会组织的课题研究、宣贯会、培训会，及时更新理念，成立技术创新中心，研发技术软件提高标准化管理模式，坚持科学发展和规范化、标准化的管理模式，大量引进和吸收高级人才。公司所有员工都具有大专以上学历和专业技术职称，现拥有国家注册各类执业资格证书的人员80余人，评标专家20余人。工程监理、造价、建造、工程管理、招标代理、外文翻译等专业门类人才齐全，技术力量雄厚，注重服务和科研相结合，先后在《中国建设监理与咨询》《建设监理》等图书上发表学术论文30余篇，并有多篇论文在中国电机工程学会电力建设论文评选中获奖，并入选《电力建设论文集》；近年来，先后参与国家、行业及团体标准的制定，在监理行业中处于领先地位。

通过多个工程项目管理（代建）、招标代理、工程造价咨询服务的实践检验，公司已完全具备为业主提供建筑工程全过程服务的实力。全体员工将坚持以诚实守信的经营理念，以过硬的专业技术能力，以吃苦耐劳的拼搏精神，以及时、主动、热情、负责的工作态度，以守法、公正、严格、规范的内部管理，以业主满意为服务尺度的经营理念，为广大建设业主提供实实在在的省心、省力、省钱的超值服务。

（本页信息由大保建设管理有限公司提供）

国家电投通辽2×350MW 智慧热电联产工程

满洲里热电厂扩建工程2×35万kW 热电联产煤电一体化项目在监

蒙东珠日河500kV 输变电工程

满洲里—海北500kV 线路工程

霍林河循环经济"源-网-荷-储-用"多能互补关键技术研究与应用创新示范工程

国电投交口棋盘山风电场工程

陕西定边储能电站

国贸大厦（超高层高380m）

海创产业大厦（超高层高160m）

漯河绿地中央广场（超高层高200m）

江苏淮安伊安物流中心项目总承包在监

大连地铁工程